KB042910

엄마가
키워주는
아이의
자존감

엄마가 키워주는 아이의 자존감

초 판 1쇄 2020년 03월 11일

지은이 김도사, 오지영
펴낸이 류종렬

펴낸곳 미다스북스
총괄실장 명상완
책임편집 이다경
책임진행 박새연 김가영 신은서
본문교정 최은혜 강윤희 정은희 정필례

등록 2001년 3월 21일 제2001-000040호
주소 서울시 마포구 양화로 133 서교타워 711호
전화 02) 322-7802~3
팩스 02) 6007-1845
블로그 http://blog.naver.com/midasbooks
전자주소 midasbooks@hanmail.net
페이스북 https://www.facebook.com/midasbooks425

© 김도사, 오지영, 미다스북스 2020, *Printed in Korea*.

ISBN 978-89-6637-771-8 03590

값 15,000원

엄마가 키워주는 아이의 자존감

김도사 · 오지영 지음

내 아이의 자존감을 위해
엄마의 의식을 긍정으로 바꾸자!

늘 항상 품에 끼고 살았던 아이가 초등학생이 된다. 엄마는 아이의 첫 공동체 생활을 걱정한다. 그래서 아이의 초등학교 입학식 전날, 엄마는 유독 잠을 설친다. '아이가 잘해낼 수 있을까? 초등학교 시절이 제일 중요하다던데 뭘 해야 할까?'라는 고민을 하면서 말이다. 이 고민에 대한 정답은 간단하다. 내 아이의 자존감을 건강하게 잘 키워주면 된다. 초등학생이 된 아이를 위해 엄마는 자존감 농부가 돼야 한다. 농부인 엄마는 다른 사람에게 내 아이의 자존감을 키워달라고 부탁할 수 없다. 그 역할은 오로지 엄마의 몫이다. 자존감 농부인 엄마는 항상 아이를 따뜻한 시선으로 바라봐야 한다. 그리고 아이를 향해 공감하고 따뜻한 말을 건네야 한다. 엄마의 행동에도 아이에 대한 사랑이 느껴지게 해야 한다. 자존감 농부인 엄마가 해야 할 일은 이것이다.

엄마가 초등학생인 아이를 따뜻하게 보듬어주려면 엄마의 마음 또한 행복해야 한다. 엄마가 행복하지 않으면 아이도 행복할 수 없다. 그리고 엄마의 행복하지 않은 마음은 아이의 자존감에 싹을 틔울 수 없게 만든다. 그만큼 엄마의 행복은 매우 중요하다. 엄마가 행복하기 위해서는 엄마의 생각을 바꿔야 한다. 엄마 마음에 부정의 생각이 들지 않게, 엄마 마음의 의식을 바꿔야 한다. 엄마가 항상 긍정적인 생각을 해야 한다. 그리고 엄마가 스스로를 긍정적으로 인식해야 한다.

10년 차 초등학교 교사인 나는 '한책협'을 통해 김태광 대표님을 만나게 됐다. 그리고 단순히 '내 이름으로 된 책 내기'라는 버킷리스트를 이루기 위해 책 쓰기 과정을 등록했다. 시작은 책을 쓰기 위한 도전이었지만, 대표님을 통해 나는 의식의 중요성을 깨닫게 됐다. 대표님의 수업 및 유튜브 채널 '김도사 TV', '네빌고다드 TV'를 보며 사람은 생각하는 대로 살게 된다는 것을 느꼈다. 그리고 그런 나의 의식이 나의 행동, 나의 말을 지배한다는 것을 깨닫게 됐다. 나의 의식이 긍정의 의식으로 바뀌니 세상을 바라보는 눈빛이 긍정의 의식으로 바뀌었다. 그리고 그만큼 내 삶이 행복하고 편해졌다. 내 삶이 편해지니 남편과 4살 우리 아들을 바라보는 시선이 자연스럽게 따뜻하게 변했다. 특히 아이를 보며 항상 웃고 있는 내 모습을 발견했다. 그리고 아이를 향한 엄마의 웃음이 곧 아이의 행복으로 변한다는 것을 알았다.

10년 동안 다양한 아이들을 만나면서 행복한 아이들, 자존감이 건강한 아이들에게는 공통점이 있다는 것을 깨달았다. 바로 엄마의 의식이다. 행복한 의식을 갖고 있는 엄마의 아이들은 모두 행복한 학교생활을 했다. 그리고 친구들과 큰 갈등 없이 즐겁게 잘 지냈다.

이처럼 엄마의 의식은 매우 중요하다. 초등학생이 된 아이를 위해서 엄마는 의식을 바꿔야 한다. '나 스스로 행복해야 한다. 나는 지금 행복하다. 그리고 나의 이런 행복감이 아이에게도 전달된다.'라는 생각을 꾸준히 해야만 한다. 꾸준한 생각을 하면서 엄마는 매일 웃고 있는 자신의 모습을 상상해야 한다. 그리고 매일 삶이 감사로 넘친다는 상상을 해야 한다. 엄마의 상상이 구체적일수록 엄마의 마음은 행복으로 물들게 된다. 그리고 엄마가 행복한 만큼 아이의 자존감도 쑥쑥 자라게 되는 것이다. 아이의 건강한 자존감을 만들기 위해 엄마는 대단한 일을 할 필요가 없다. 그리고 아이를 위해 물질적인 보상을 해줄 필요가 없다. 가장 중요한 엄마의 의식을 바꾸면 된다. 엄마의 의식을 긍정의 의식으로 바꾼 후, 이 책에 적힌 내용으로 아이에게 실천하면 되는 것이다.

이 책은 과거 독서 논술을 경험한 김태광 대표(김도사), 그리고 현재 10년 차 초등학교 교사 오지영이 직접 느끼고 경험한 내용을 토대로 서술되었다. 1장은 초등 자존감이 왜 중요한지를 다뤘다. 초등학생인 아이의 학교생활, 공부, 교우 관계 등에서 아이의 자존감이 어떤 역할을 하는지 다양한 사례를 통해 구체적으로 다뤘다. 2장은 아이의 자존감은 엄마에게 달려 있다는 내용을 다뤘다. 엄마 내면의 중요성, 엄마가 아이를 바라보는 시선, 엄마의 말과 행동 등 아이의 건강한 자존감을 위해 엄마가 해야 할 일 등을 이야기한다. 3장은 아이의 자존감을 높여주는 공감 대화법을 다뤘다. 아이의 마음 공감하기, 스킨십하기, 피드백하기 등 다양한 내용을 이야기한다. 4장은 야단치지 않고 아이를 변화시키는 비결을 다뤘다. 엄마가 아이의 자존감에 상처를 주지 않으면서 아이 스스로 변화할 수 있는 다양한 방법을 이야기한다. 마지막 5장은 아이를 잘 키우는데 왜 아이의 자존감이 중요한지 그 이유를 구체적으로 다뤘다.

'한국책쓰기1인창업코칭협회'의 책 쓰기를 통해 멋진 작가의 삶을 안겨준 김태광 대표님께 진심으로 감사 인사를 드린다. 대표님의 미사 특강, '김도사 TV', '네빌고다드 TV'를 통해 의식과 상상의 법칙을 깨닫게 해준 것 또한 진심으로 감사드린다. 또한 사랑하는 가족에게도 감사 인사를 전한다. 끝으로 이 책을 만들어주신 미다스북스 관계자 분들께 진심으로 감사를 드린다.

2020년 3월 김도사, 오지영

목 차

1 장   왜 초등 자존감이 중요한가요?

2 장   아이의 자존감은 엄마에게 달려 있다

3 장   자존감을 높여주는 공감 대화법

4 장 야단치지 않고 아이를 변화시키는 비결

5 장 아이를 잘 키우고 싶다면 아이의 자존감부터 높여라!

왜
초등
자존감이
중요한가요?

우리 아이는 왜
매일 학교에서 싸울까?

왜 우리 아이는 매일 싸울까?

6학년 아이들이 하교하고 난 후, 오늘도 나는 열심히 상담 일지를 쓰고 있다. 매일 우리 반은 하루가 멀다 하고 싸움이 일어났다. 올해처럼 상담 일지를 많이 써본 적은 처음이다. 오늘 쓴 상담 일지까지 벌써 4권이나 됐다. 나는 손이 욱신거릴 정도로 많은 내용을 썼다. 모두 다 건희와 관련된 내용이다. 건희는 매일 친구들을 때리고 괴롭혔다. 또한, 친구들의 사소한 행동에도 민감하게 반응했다. 매일 이렇게 교실에서 2~3건의 싸움이 벌어졌다. 아이는 항상 활화산이었다. 늘 화가 가득했다. 그래서 학교에서 자주 두통을 호소했다. 아이는 늘 머리가 지끈지끈 아프다고 했다.

오늘은 건희가 1교시 쉬는 시간에 수미의 목을 졸랐다. 그 일로 수미의 목에는 선명한 멍 자국이 남았다. 나는 건희를 불러 자초지종을 물었다.

"건희야, 왜 수미 목을 졸랐어? 수미가 기분 나쁘게 한 행동이 있니?"
"제가 지우개를 빌려달라고 했는데 안 빌려줬어요."
"그래도 다시 빌려달라고 좋게 이야기해야지. 목을 조르면 어떡하니."
"나만 빼고 다 빌려준단 말이에요! 왜 나한테만 지우개 안 빌려주냐고요!"

아이는 나와의 대화에서 또다시 폭발했다. 그리고 자신의 화를 주체하지 못하고 책상과 의자를 발로 찼다. 육두문자를 서슴없이 내뱉으면서 말이다. 나는 아이를 곧바로 진정시켰다. 건희는 때때로 화를 주체하지 못하면 코피를 쏟으며 쓰러지고는 했다. 그날 오후, 나는 바로 건희 어머니께 전화를 드렸다.

"아이고, 선생님. 오늘 또 우리 애가 누구 때렸어요? 이놈의 새끼 진짜 왜 그럴까요."
"어머니, 우리 건희 잘해내고 있어요. 건희가 지우개를 빌리고 싶었는데 수미가 안 빌려줬나 봐요. 자기도 모르게 수미 목을 살짝 건드렸는데 수미 목에 멍이 들고 말았어요."

"아니, 걔는 지우개 없으면 그냥 없는 대로 살지. 제가 수미 엄마에게 전화할게요. 죄송해요 선생님. 선생님, 우리 아들 그냥 때려주세요. 체벌 금지고 뭐고 상관없이 우리 아들 정신 차릴 때까지 때려주세요. 부탁드릴게요. 선생님."

늘 건희 엄마는 3시가 되면 핸드폰을 들고 대기 상태였다. 내게 전화가 올 것을 알고 있었기 때문이다. 그리고 엄마는 항상 전화를 끊기 전, 내게 아들을 때려달라고 부탁했다. '때려야 정신 차릴 놈'이라는 말까지 하면서 말이다. 하지만 나는 달랐다. 여러 아이를 만난 결과, 건희처럼 폭력을 일삼고 싸움을 자주 하는 아이는 마음이 아프다는 걸 표현하고 있는 것이었다. 아이는 누군가와 싸울 때마다 들리지 않는 외침으로 이렇게 말하고 있다.

"저 지금 마음이 정말 아파요. 자존감이 무너지고 있어요. 제발 저 좀 도와주세요."

그 외침을 엄마는 반드시 들어야 한다. 아이의 외침을 무시한다면, 엄마는 더 이상 아이와의 긍정적인 관계를 만들 수 없다. 또한 지금의 모습보다 더 부정적인 아이의 모습을 마주하게 될 것이다.

대부분의 엄마는 아이가 초등학교 고학년이 될수록 소통이 힘들다고 토로한다. 그래서 아이가 대화를 거부하면 자신을 무시하는 느낌이 들어서 아이가 미워진다고 말한다. 하지만 엄마는 한 가지는 알고 한 가지는 모르는 것이다. 일단 아이가 엄마와의 대화를 거부한다는 한 가지는 분명히 알고 있다. 하지만 아이의 그런 행동이 엄마로 인해 시작됐다는 사실은 전혀 모르고 있는 것이다. 건희 같은 아이들 역시 처음부터 싸움을 매일 하는 아이는 아니었을 것이다.

건희 또한 엄마와 함께 시간을 보내는 것이 행복했을 것이다. 그런 마음을 없애버린 것은 건희 자신이 아닌 엄마다. 엄마는 아이가 초등학생이 된 후, 계속해서 아이의 자존감을 무너트리는 말과 행동을 했을 것이다. 건희가 실수하거나 잘못을 하면 아이의 마음을 헤아리지 않고, 잘못된 행동만을 바라보며 아이를 야단쳤을 것이다. 그리고 아이가 하는 말을 진지하게 들어주지 않고, 오직 엄마의 말을 아이에게 강요하는 식의 대화를 했을 것이다.

엄마의 이런 말과 행동이 쌓일수록 아이는 점점 엄마가 자신을 무시하는 느낌을 받았을 것이다. 그리고 그 마음이 커질수록 아이는 스스로 엄마와의 벽을 만들었을 것이다. 하지만 초등학생 아이는 엄마와의 대화, 엄마와의 소통이 절대적으로 필요한 시기다.

엄마와의 벽을 만들었던 건희는 그런 마음으로는 엄마와 제대로 된 소통이 불가능했을 것이다. 그리고 건희 엄마 또한 건희 마음의 벽을 깨트리기 위한 그 어떤 노력도 하지 않았을 것이다. 이 악순환으로 건희의 마음은 아팠을 것이다. 결국 건희는 엄마가 채워줘야 할 부분을 채우지 못해서 마음에 병이 들었다. 그리고 병이 커질수록 아이의 자존감은 무너졌다. 그래서 학교에 오면 아이는 매일 싸웠다. 그리고 매일 화를 표출했다. 자신의 마음이 얼마나 아픈지를 보여주기 위해 마치 동물이 포효하듯이 그렇게 학교에서 매일 싸움을 일으켰던 것이다.

싸움은 마음이 아픈 아이의 또 다른 표현이다

지금 초등학생인 내 아이가 매일 학교에서 싸우는가? 그렇다면 엄마 스스로를 돌아봐야 한다. 아이들은 처음부터 문제 있는 아이로 태어나지 않는다. 그리고 이 세상에 싸우기 위해 태어난 아이는 단 한 명도 없다.

엄마와의 좋지 않은 관계, 엄마를 통한 갈등이 있기 때문에 이 아이는 자라면서 싸움꾼이 되는 것이다. 그리고 그 싸움은 지금 자신의 마음이 아프니 살려달라는 외침이다. 살려달라는 아이를 때리거나 야단친다면 아이는 더 이상 살려달라는 신호를 보내지 않을 것이다. 비관적인 생각을 하거나 점차 충동적인 행동을 더 자주 하는 성인으로 성장할 것이다. 마음이 아픈 내 아이는 자존감이 무너지고 있다. 그래서 싸움을 통해 도움을 요청하는 것이며, 자신의 자존감을 다시 일으켜 세워달라고 호소하고 있는 것이다.

엄마는 아이의 그 외침을 받아들여야 한다. 무조건 수용해야 한다. 그리고 아이를 지지하고 응원해야 한다. 엄마가 아이를 사랑하고 응원한다는 것을 온몸으로 표현해야 한다. 아이의 아픈 마음이 치유될 때까지 엄마는 아이의 호소를 수용해야 하는 것이다.

자존감이 약한 아이는 뿌연 색안경을 끼고 있다. 그 뿌연 색이 강해질수록 아이는 더욱 싸움을 일삼는다. 엄마는 뿌옇게 변한 아이의 색안경을 닦아내야 한다. 아이가 세상을 있는 그대로 받아들일 수 있게 매일매일 닦아내야 한다.

엄마의 노력으로 뿌연 색이 조금씩 옅어질 때마다 아이의 싸움 횟수는 줄어들 것이다. 10번 싸우던 아이가 9번 싸울 것이다. 그리고 9번 싸우던 것이 8번으로 줄어들 것이다. 엄마는 아이의 싸움이 조금씩 줄어들 때마다 아이의 자존감이 그만큼 다시 자라나고 있다는 의미로 받아들이면 된다. 그리고 계속 해온 것처럼 아이의 뿌연 색안경을 열심히 닦아내면 된다.

아이가 학교에서 자주 싸운다는 이유로 아이를 야단치는 엄마가 있다. 이는 잘못된 행동이다. 아이가 자주 싸운다는 것은 아이가 자신의 마음이 아프다는 것을 행동으로 나타내는 것이다. 자주 싸우는 아이일수록 엄마는 아이에게 사랑을 표현해야 한다. 그리고 엄마는 항상 네 편이라는 마음을 아이가 깨닫게 해줘야 한다. 아이의 반복되는 싸움이 자존감을 다시 세워달라는 요청임을 엄마는 반드시 알아야 한다.

02

왜 초등 자존감이
중요한가요?

나 역시 어렸을 적, 열등감 덩어리였다

현재 나는 120억 부자다. 그리고 '한국책쓰기1인창업코칭협회'의 대표다. 나는 24년간 205권의 책을 쓰고, 9년간 1,000명의 작가를 배출했다. 현재 나의 모습을 본 사람들은 마치 내가 부유한 집안에서 자란 것처럼 느껴진다고 한다. 또한 그 누구와도 비교할 수 없는 강한 자존감을 가졌다며 나를 '도사님'이라고 부른다. 지금의 나는 '도사님'이라는 말을 듣고 산다. 하지만 학창 시절 나 역시 자존감이 바닥인 아이였다. 그리고 어린 나의 마음은 항상 열등감으로 가득했다. 과거의 나는 내세울 것이 단 하나도 없었다. 나의 집안은 찢어지게 가난했다. 그리고 나는 심한 말더듬까지 있었다.

나는 늘 세상을 원망하며 자랐다. 가난한 집에 태어난 것을 원망했다. 그리고 나의 말더듬을 원망했다. 그 마음은 결국 나를 향하게 됐다. 이 세상에 태어난 나를 마치 쓸모없는 존재처럼 치부했다. 무슨 일을 해도 다 실패할 것만 같았다. 그래서 나는 일찍 공부를 포기했다. 나는 내 삶이 중요하지 않았다. 아무런 목표가 없었다. 그래서 시험 기간이 되면 나는 항상 오락실을 향했다. 다른 친구들이 그들의 꿈을 바라보며 살 때, 나는 오락실에서 빈둥거리는 삶을 살았다.

내게 꿈이 있다면 오직 잠들 때 꾸는 꿈이 전부였다. 나의 학창 시절은 그렇게 열등감으로 가득했다. 그 열등감이 나의 모든 생각과 행동을 통제했다. 그런 나의 열등감은 30대 초반까지도 내 인생을 송두리째 힘들게 만들었다. 하지만 지금의 나는 열등감 가득했던 어린 내가 아니다. 나는 엄청난 노력을 통해 열등감으로 가득 찼던 나의 마음을 바꿨다. 그리고 노력으로 현재의 나를 만들었다. 나의 노력은 그 누구도 상상할 수 없을 정도였다. 그 덕분에 나는 망가진 자존감을 일으켜 세울 수 있었다.

하지만 당신의 자녀가 나와 같이 엄청난 노력을 하는 것을 나는 원치 않는다. 무너진 자존감을 스스로 일으켜 세울 때는 뼈와 살을 깎는 고통을 겪어야 하기 때문이다. 나는 당신의 자녀가 그 고통을 고스란히 느끼게 하고 싶지 않다. 그리고 내가 몇십 년 동안 고생했던 그 길을 당신의 자녀가 걷기를 원치 않는다.

인생을 살면서 가장 필요한 것은 자존감이다

우리나라 아이들은 매해 '자신의 삶에 만족하는가?'라는 질문에 OECD 국가 중 꼴찌라는 꼬리표를 달고 다닌다. 매해 꼴찌라는 말은 무엇을 뜻하는가? 바로 우리나라 아이들이 행복하지 않다는 의미다.

아이들의 행복은 자존감과 밀접한 관련이 있다. 자존감이 높으면 아이는 행복감을 느낀다. 반면에 자존감이 약하면 아이는 행복을 느끼지 못한다. 즉, 위 질문의 결과, OECD 국가 중 행복하지 않은 우리나라 아이들의 자존감은 매해 꼴찌라는 의미다. 행복하지 않다는 것은 인생의 꿈이 없다는 것과도 같다. 인생의 꿈이 없으면 학창 시절의 나처럼 잠잘 때만 꾸는 꿈이 꿈이라고 생각하며 산다. 그래서 어떤 목표도 잡지 않고 떠돌이 인생처럼 방황하며 사는 것이다. 떠돌이 인생은 불쌍한 인생이다. 한 번밖에 없는 인생을 떠돌다가 소리 소문 없이 떠나는 것만큼 처참하고 불행한 인생은 없다.

인생을 살면서 가장 필요한 것은 자존감이다. 자존감은 인생의 시련을 극복하는 힘이다. 그리고 실패에 굴복하지 않는 강인한 정신력을 선물한다. 그래서 어떤 시련과 실패에도 오뚝이처럼 금방 일어설 수 있게 만든다. 그 자존감은 초등학교 시기가 제일 중요하다. 내 아이를 꿈이 있는 아이로 성장하게 만들려면 엄마가 아이의 자존감을 키워야 한다. 자존감은 내 아이를 행복한 어른으로 성장시키는 지름길이기 때문이다.

자존감이 행동의 차이를 만든다

과거 나는 초, 중, 고 학생들을 대상으로 독서 논술을 지도한 경험이 있다. 초등학생들의 독서 논술을 지도하면 2가지 부류로 나뉜다. 첫 번째 부류의 아이들은 자신의 부족한 글쓰기 실력을 나와 다른 친구들을 통해 해결하려고 노력하는 유형이다. 이 아이들은 자신의 부족한 실력이 현재 자신의 가치를 입증한다고 생각하지 않는다. 그래서 부족한 부분은 항상 누군가를 통해 보완하려고 노력한다. 그래서 현재 잘 해내지 못하는 과제를 부끄럽게 생각하지 않는다. 그 부분을 솔직하게 표현하고, 어떻게든 배우려고 노력한다.

두 번째 부류의 아이들은 자신의 부족한 글쓰기 실력을 감추려고 한다. 그래서 다른 친구가 자신의 글을 읽으려고 하면 불같이 화를 낸다. 그리고 내게 와서 자신의 공책을 함부로 만진다면서 그 친구의 행동을 이른다. 다른 친구들에게도 별 핑계를 다 대면서 자신의 글을 보지 못하게 한다.

이 아이들은 자신의 글쓰기 실력이 곧 자기를 나타낸다고 생각한다.

그래서 현재 자신의 수준을 부끄럽게 생각한다. 다른 누군가 글을 읽으려고 하면 매우 수치스럽게 생각한다. 또한 글쓰기를 더 잘하는 친구들에게 배우려고 하지 않는다. 그 친구들을 시기하고 질투한다. 그리고 적대감을 표출한다. 더 잘난 아이들이 성장하지 못하게 어떻게든 방해하려고 한다. 그래서 지우개를 숨기거나 공책을 찢어버리는 행동을 일삼는다. 분명 모두 독서 논술을 배우러 왔는데 이렇게 하는 행동이 다르다. 이런 행동의 차이를 만든 원인은 무엇일까? 바로 자존감이다. 첫 번째 부류의 아이들은 자존감이 건강한 아이들이다. 그리고 건강한 만큼 더 단단한 자존감을 쌓으며 성장한다.

자존감이 건강한 아이들은 배움을 당연한 과정이라고 받아들인다. 그래서 자신의 실수, 자신이 해내지 못하는 부분은 꼭 배워야 한다고 생각한다. 그게 마땅한 권리라고 여긴다. 그 생각이 이 아이들을 성장시킨다. 아이의 지, 덕, 체 모든 면을 골고루 성장시켜주는 것이다.

하지만 자존감이 연약한 아이는 배움을 당연하게 받아들이지 않는다. 그들에게 어려운 배움이란 곧 부끄러운 자신의 모습과 대면하는 느낌이다. 그래서 이 아이들은 어려운 과제를 해결하려고 하지 않는다. 그리고 지금보다 더 성장하려고 노력하지 않는다. 배움은 곧 자신에게 수치심을 동반하는 행동이기 때문이다.

이 아이들은 성장하는 만큼 자존감 또한 병들게 된다. 자존감이 시름시름 앓게 된다. 그리고 시름시름 앓고 있는 그 자존감의 자리에 열등감이라는 바이러스가 침투한다. 열등감의 면역 체계는 자존감이다. 하지만 이 아이들의 자존감은 이미 앓고 있다. 그렇기 때문에 열등감을 이겨낼 자존감이 존재하지 않는다.

그래서 이 아이들의 마음에 조금씩 열등감이 퍼져나가기 시작한다. 그후, 아이의 모든 행동과 생각을 지배한다. 항상 실패를 생각하게 만든다. 그리고 자신보다 더 잘난 사람은 시기의 대상이라며 적대감을 가지라고 충고한다. 어려운 과제가 있으면 바로 포기하라고 재촉한다. 그리고 제일 중요한 엄마와의 관계를 단절시킨다.

열등감으로 가득 찬 아이는 누군가와의 소통을 중요하게 생각하지 않는다. 그래서 아이의 마음에 열등감으로 가득 퍼진다면, 엄마가 아무리 대화를 시도하려고 해도 아이는 마음의 문을 열어주지 않는다. 엄마와 긍정적인 관계를 형성하지 못한 아이는 절대 성공하는 법을 배울 수 없다. 따라서 아이의 자존감이 병들지 않게, 엄마는 항상 의사처럼 대기해야 한다.

자존감은 한 번 무너지기 시작하면 걷잡을 수 없이 무너진다. 그만큼 자존감은 한 아이의 인생을 변화시킨다. 자존감은 아이를 긍정의 방향으로 변화시키거나 부정의 방향으로 변화시킨다. 내 아이가 이제 막 초등학생이 됐다면, 엄마는 그 방향을 지시하는 출발 단계에 진입한 것이다. 이제 아이가 어떤 방향을 향할지는 엄마에게 달려 있다는 것을 명심하자.

- 1 -
아이가 친구와 싸우면 말을 안 해요.
왜 그럴까요?

먼저 엄마가 아빠와 싸운 후 어떤 행동을 하는지 물어보고 싶습니다. 혹시 엄마가 배우자와 싸운 후, 말을 하지 않나요? 아이는 무의식중에 엄마, 아빠가 하는 행동을 그대로 따라합니다. 어떤 상황이 닥쳤을 때, 스스로에게 가장 익숙한 방법으로 해결합니다. 만일 엄마와 아빠 둘 중 누군가가 말을 하지 않는다면, 아이에게는 그게 해결 방법이 되는 것입니다. 그래서 친구와 싸우고 나면 아이 스스로 무의식중에 가장 익숙한 방법을 택하는 것입니다. 엄마, 아빠가 아이 앞에서 싸우게 됐을 때는 대화로 잘 해결하는 모습을 아이에게 자주 보여줘야 합니다. 그리고 그 모습이 아이에게 익숙한 해결 방법이 되도록 노력해야 합니다. 혹은 엄마와 아이와의 싸움에도 엄마가 먼저 갈등을 해결하기 위해 아이에게 말을 걸어줍니다. 아이에게는 엄마의 자존감을 많이 내세우면 안 됩니다. 아이는 갈등을 해결하는 방법을 엄마를 통해 배우기 때문입니다. 엄마는 대화를 통해 긍정적으로 해결하려는 모습을 아이에게 자주 보여주어야 합니다. 그리고 엄마의 솔직한 마음을 아이에게 자주 표현해주면 됩니다. 아이는 가장 익숙한 방법을 택한다는 것을 잊지 마세요.

03

초등 자존감이
학교 생활을 좌우한다

내 아이는 스스로를 어떻게 생각할까?

예전 EBS 프로그램에서 흥미로운 실험을 진행했던 것을 시청했던 기억이 난다. 주제는 '자존감이 높은 아이 vs 자존감이 낮은 아이'였다. 여러 검사를 통해 제작진은 자존감이 높은 아이 7명, 자존감이 낮은 아이 7명을 선별했다. 그리고 그들에게 지금 자신의 모습을 그림으로 나타내라고 했다. 그림을 그릴 종이와 도구 등 모든 것을 아이들이 직접 고를 수 있게 다양한 재료를 준비했다. 그리고 제작진은 아이들에게 어떤 간섭도 하지 않았다. 그런데 아이들은 종이를 고를 때부터 달랐다. 큰 종이를 선택한 아이도 있고, 제일 작은 크기의 종이를 선택한 아이도 있었다.

그림을 그릴 때도 무엇으로 그릴지 선택하는 기준이 모두 달랐다. 연필을 선택한 친구, 색연필을 선택한 친구, 보드마카를 선택한 친구 등 다양했다. 모든 것을 선택한 아이들은 자신을 나타내는 모습을 그렸다. 초등학교 시기의 자존감은 자신의 모습을 어떻게 생각하느냐를 통해 나타난다. 즉, 자신의 신체와 외모를 그림으로 표현함으로써 스스로를 어떻게 생각하는지 판단할 수 있는 것이다. 그래서 아이가 그린 그림의 진하기, 색깔, 운동성, 인상, 그림의 크기 등 모든 것이 아이의 자존감과 관련이 있다.

아이들은 그림을 다 그리고 난 후, 제작진에게 그림을 보여줬다. 자존감이 높았던 7명의 아이들은 모두 큰 도화지를 선택했다. 그리고 큰 도화지 안에 자신의 모습을 커다랗게 그렸다. 그 속에 그려진 모습은 동적이었으며 표정 또한 밝았다. 반면에 자존감이 낮았던 7명의 아이들은 모두 작은 도화지를 선택했다. 그리고 그 작은 도화지 안의 자신의 모습 또한 매우 작았다. 색칠을 연하게 하거나 어떤 친구는 색칠을 하지 않았다. 표정의 변화가 없으며 주로 정적인 모습을 그렸다. 이처럼 아이들의 자존감은 아이가 자기 스스로를 어떻게 생각하는지를 나타낸다. 그래서 초등학생 시절 자존감은 매우 중요하다. 그 자존감이 내 아이의 학교생활을 좌우하기 때문이다. 모든 아이는 8살이 되면 초등학교에 입학한다.

아이들은 같은 교실에서 똑같은 담임 선생님께 수업을 받는다. 내 아이가 초등학생이 되면 본격적인 공동체 생활을 시작하게 되는 것이다. 모두 40분씩 수업을 듣고, 10분씩 쉬게 된다. 하지만 모두 같은 공간, 같은 시간을 제공받았다고 해도 아이들의 행동은 같지 않다. 아이들의 행동은 모두 다르다. 그리고 아이들의 행동이 다른 이유는 바로 아이의 자존감이다. 건강한 자존감을 갖고 있는 아이는 행복한 학교생활을 한다. 그래서 아침에 등교하는 순간부터 아이의 표정은 해맑다. 그 해맑은 마음으로 학교생활도 긍정적으로 한다.

자존감이 강한 아이는 수업 시간에 적극적으로 참여한다. 그리고 선생님의 말을 경청한다. 항상 발표를 하려고 노력한다. 설령 틀린 대답을 발표했어도 아이는 상심하지 않는다. 그리고 그 대답을 부끄럽게 생각하지 않는다. 틀렸다는 것을 인정하고, 곧바로 다시 해결한다. 그리고 손을 번쩍 든다. 이렇게 적극적인 수업 시간을 보내고 난 후, 아이는 쉬는 시간도 적극적으로 보낸다. 자존감이 높은 아이는 친구들에게 먼저 다가간다.

그리고 친구들과 잘 어울린다. 쉬는 시간에 친구들과 사소한 갈등이 일어났다고 해도 쉽게 상처받지 않는다. 친구에게 잘못했던 행동이나 말을 하더라도 스스로 반성하고 그 마음을 친구에게 표현한다.

자존감이 자랄수록 아이는 자신의 강점을 바라본다

이런 과정을 거치면서 아이의 자존감은 매일 자란다. 그리고 자존감이 자랄수록 아이는 자신의 약점보다 강점을 더 바라보게 된다. 강점을 바라본다는 것은 스스로를 긍정적으로 생각한다는 의미다. 초등학교 1학년 때부터 건강한 자존감을 만든 아이는 고학년이 돼도 마찬가지다. 오히려 아이는 더 긍정적으로 변한다. 고학년이 돼서 아이의 신체가 자란만큼 아이의 자존감도 쑥쑥 자라난 것이다.

자존감이 강한 아이가 고학년이 되면 등교할 때부터 더 행복한 표정을 짓는다. 힘찬 외침으로 담임 선생님께 인사를 하고 자기 자리에 앉는다. 수업 시간에는 친구들의 리더가 되어 있다. 그래서 조별 회의를 할 때면 리더가 되어 친구들의 의견을 존중하고 수용한다. 쉬는 시간이면 모든 친구가 그 친구와 함께 어울리기를 선호한다. 친구들의 말을 잘 들어주고, 친구들과 갈등이 생겨도 쉽게 잘 해결하기 때문이다. 이 아이는 고학년이 되면 학교생활은 정말 행복하고 즐거운 것이라는 생각을 하게 된다. 그리고 그 행복한 생각은 아이가 성인이 되기까지 긍정적인 영향을 미친다.

반면에 자존감이 약한 아이는 아침부터 기분이 좋지 않다. 혹은 무슨 생각을 하고 있는지 모를 정도로 무표정한 얼굴로 교실에 들어온다. 담임 선생님과 눈이 마주쳐야 인사를 한다. 혹은 인사를 해도 혼잣말처럼 들릴 뿐이다. 이런 아이들은 수업 시간 40분이 지겨운 시간이다. 선생님의 질문에 긴장한다. 자신에게 발표를 시킬까 봐 얼굴이 빨개진 채 선생님의 눈치를 살피고 있다. 그리고 아이는 정답일거라는 강한 확신이 생기기 전까지는 발표하려고 하지 않는다.

정답을 예상하고 발표했지만, 만일 틀리면 아이는 기가 죽는다. 그리고 그 상황을 수치스럽게 받아들인다. 마치 아이들이 자신을 놀리는 것만 같은 느낌이다. 친구 하나라도 웃으면 아이는 곧장 그 아이를 향한 강한 분노를 느낀다. 쉬는 시간이 되면 이 아이는 곧장 그 아이에게 향한다. 그리고 자신이 느꼈던 강한 분노를 그대로 표출한다. 저학년 아이라면 담임 선생님께 와서 그 친구가 놀렸다고 말한다. 자존감이 낮은 아이는 친구의 웃음을 자신을 향한 놀림거리로 받아들인다.

아이의 약한 자존감은 쉬는 시간에도 친구들과 잘 어울리지 못하게 만든다. 설령 친구들과 보드게임을 해도 금방 싸우게 된다. 자신이 질 때마다 그 상황을 받아들이지 못한다. 그래서 함께 보드게임을 했던 친구를 향해 비난을 퍼붓는다. 이런 상황이 매일 반복되면 다른 친구들은 그 친구를 멀리하게 된다. 그래서 함께 어울리려고 하지 않는다. 하지만 아이는 자신의 행동을 생각하지 않고, 친구들이 자신을 왕따 시키고 있다고 생각한다. 그래서 아이 마음에는 모든 친구를 향한 강한 적대감이 조금씩 쌓이기 시작한다. 자존감이 약한 아이가 고학년이 되면 상황은 더 악화된다. 초등학교 저학년 때보다 더 힘든 학교생활을 하게 된다. 친구들을 향했던 강한 적대감은 매일 싸움으로 이어진다. 그리고 수치스러웠던 발표 경험으로 인해 더 이상 발표를 하지 않게 만든다.

쉬는 시간, 친구들과 어울리지 못하고 혼자서 자리에 가만히 앉아 있는다. 그리고 아이의 머릿속은 온통 '왜 나는 태어났을까? 이 재미없는 학교생활 언제까지 해야 할까?'라는 생각으로 퍼지게 된다. 아이의 이런 생각은 성인이 될 때까지 아이의 모든 삶에 부정적인 영향을 미친다.

엄마들은 아이의 자존감을 별거 아닌 것으로 취급할 수 있다. 하지만 자존감은 매우 중요하다. 아이들의 학교생활을 좌우하는 것이 내 아이의 자존감이기 때문이다. 자존감 덕분에 아이는 행복한 학교생활을 할 수 있다. 혹은 자존감 때문에 아이가 불행한 학교생활을 할 수 있다. 내 아이가 지금 행복한 학교생활을 하고 있는가? 아니면 불행한 학교생활을 하고 있는가? 그 물음에 대한 정답은 아이의 자존감에 달려 있다는 것을 반드시 알아야 한다.

04

자존감 높은 아이가
공부도 잘한다

배움이 즐겁다는 것을 스스로 깨달아야 한다

미국 개척민 목사의 아들로 태어난 형제가 있다. 우리에게 유명한 '라이트 형제'다. 형제의 아버지는 개척지의 목사로서 출장 업무가 잦았다. 그래서 형제를 보살피는 몫은 오로지 엄마가 해야 할 일이었다. 엄마는 손재주가 매우 좋았다. 그래서 아버지가 출장을 갈 때면, 아이들의 옷을 만들거나 연장으로 직접 가구를 만들기까지 했다.

어린 형제들은 엄마의 이런 손재주가 놀라웠다. 그리고 엄마의 손재주를 배우고 싶었다. 어느 날 겨울이 되자 사이좋은 형제는 썰매를 타고 싶었다. 그리고 손재주 좋은 엄마가 자신들을 위한 썰매를 만들어 줄 것이라고 생각했다. 그런 기쁜 마음을 품고 형제는 엄마를 향해 달려갔다.

"엄마, 저희도 다른 친구들처럼 썰매 타고 싶어요. 썰매 만들어주세요."

엄마는 아이들의 요청에 이렇게 대답했다.

"썰매? 너희가 직접 만들어볼까? 엄마가 옆에서 도와줄게."

그리고 엄마는 두 형제를 옆에 앉히고 썰매를 만들기 위한 과정을 상세하게 설명했다. 형제에게 설계도라는 것을 가르쳤다. 형제는 설계도를 보고, 무엇인가를 만들기 전에는 항상 그림이 들어간 설계도를 만들어야 한다는 것을 배웠다. 어머니께 설계도 그리는 법을 배운 형제들은 직접 썰매 설계도를 그렸다. 엄마는 아이들이 설계도를 다 완성할 때까지 가만히 기다렸다가 중간중간 아이들에게 어려움이 닥치면 해결법을 알려줬다. 그 덕에 형제들은 공기의 저항을 적게 받는 가장 뾰족한 썰매를 만들게 됐다.

다른 아이들의 썰매는 평범했다. 하지만 엄마 덕분에 형제들의 썰매는 다른 썰매보다 월등히 빨랐다. 이렇게 형제의 엄마는 썰매 외에도 아이들의 배움과 관련된 일은 적극적으로 도왔다. 엄마의 도움은 아이들에게 배움이 즐겁다는 것을 깨닫게 해줬다. 그리고 그 즐거움은 이 형제가 계속해서 무엇인가를 끊임없이 도전하도록 만들었다. 커다란 난관이 닥쳐도 계속 해낼 수 있다는 자신감을 심어줬다. 엄마의 절대적인 지지가 형제들을 즐거운 배움으로 인도한 것이다. 그 덕분에 이 형제들은 계속해서 도전할 수 있었다. 그리고 그 도전의 결실로 비행기를 만들 수 있었다.

라이트 형제 또한 처음부터 배움을 즐긴 것은 아니었다. 라이트 형제는 어렸을 적부터 무엇인가를 열심히 만드는 엄마의 모습을 보며 자랐다. 그래서 엄마가 굳이 배움을 강요하지 않아도 자발적으로 배움을 익힌 것이다. 그리고 그 과정에서 배움이 즐거움이라는 큰 깨달음을 얻었다. 이 또한 라이트 형제의 엄마 덕분이었다. 형제의 엄마는 아이들이 스스로 해낼 때까지 지켜봤다. 아이들이 도움을 요청해야 나서서 아이들이 해결하지 못한 부분을 도왔다.

또한 라이트 형제의 엄마는 두 형제가 배움을 익힐 때, 옆에서 가만히 지켜보지 않았다. 끊임없이 그 배움과 관련된 질문을 했다. 아이들이 계속해서 흥미 있게 배움을 지속할 수 있도록 조력자의 역할을 한 것이다.

엄마 스스로 본보기를 보여준 행동, 아이들이 스스로 해낼 수 있게 지켜준 모습, 그리고 아이들이 배움을 지속할 수 있게 만든 질문 등이 라이트 형제를 만들었다. 그 덕분에 우리는 지금 비행기를 타고 여행을 다닐 수 있는 것이다.

아이를 향한 엄마의 태도가 자존감을 변화시킨다

공부를 잘하기 위해 태어난 사람은 단 한 명도 없다. 또한 배움을 즐기기 위해 태어난 사람 또한 없다. 모든 것이 다 학습의 결과다. 그 학습의 밑바탕에는 양육자인 엄마가 있다. 배움에 대한 엄마의 태도가 공부를 잘하는 아이로 만들 수 있다. 혹은 엄마의 태도가 공부에는 전혀 소질이 없는 아이로 만들 수도 있다. 곧 아이를 향한 엄마의 태도가 내 아이의 공부 자존감을 변하게 한다. 그래서 자존감이 높은 아이는 공부를 더욱 잘하게 되는 것이다. 반면에 자존감이 낮은 아이는 공부를 더욱 멀리하게 되는 것이다.

엄마는 아이를 공부를 잘하는 아이로 만들고 싶다면 아이의 자존감을 키우면 된다. 특히 초등학교 시기는 배움을 즐거움으로 인식해야 하는 때다. 배움을 즐거움으로 인식하면 아이는 스스로 공부를 하려 할 것이다. 그리고 그 태도는 아이의 습관이 된다. 습관이 되면 어느덧 공부가 그 아이의 일상이 된다.

배움이 즐거움이 되지 못하면 아이는 배움 자체를 스트레스로 느낀다. 그래서 배움과 관련된 모든 생각과 행동을 차단하려고 한다. 교과서, 문제집, 연필 등을 봐도 스트레스를 받는다. 스트레스가 쌓인 만큼 아이는 공부를 멀리하게 된다. 그리고 공부를 멀리하는 습관은 결국 그 아이의 일상이 된다. 그래서 고학년이 될수록 공부를 더 멀리하게 되는 것이다. 그 결과 아이는 점점 공부에 형편없는 아이로 성장하게 된다.

모든 엄마는 아이가 공부를 잘하기를 원한다. 아이가 공부를 잘하려면 아이의 자존감을 먼저 키워야 한다. 아이의 자존감을 키우는 데 엄마의 역할이 그만큼 중요하다. 엄마의 말과 행동은 아이에게 거울이다. 그래서 배움을 즐거움으로 익히게 하려면 라이트 형제의 엄마처럼 본보기를 보이면 된다.

초등학생 아이에게 "얼른 가서 공부해라. 지금 책 2권 읽고, 2권 다 읽었으면 문제집 펴서 공부해."라고 말하면서 엄마는 TV를 보고 있으면 안 된다. 아이가 지금 당장 책 2권을 읽게 만들려면 엄마가 먼저 책을 읽으면 된다. 즉, 엄마의 말과 엄마의 행동이 배움과 일치해야 한다. 내 아이를 공부 잘하는 아이로 키우고 싶다면 엄마의 삶과 아이의 삶이 배움으로 일치해야 하는 것이다. 아이는 엄마의 행동을 그대로 모방한다. 그래서 엄마가 공부를 하고 있으면 아이 또한 공부를 하게 되는 것이다.

아이가 공부를 습관처럼 하게 되면, 엄마는 아이에게 공부가 즐거움이 될 수 있게 도와주면 된다. 아이가 과제를 해결할 때마다 그 과정과 결과를 칭찬하면 된다. 그리고 아이가 배움을 지속할 수 있게 중간중간 질문을 하면 된다.

예를 들어 아이가 책을 읽는다면 엄마가 그 책을 미리 읽는 것이다. 그리고 아이가 그 책을 읽고 있을 때, 중간중간 흥미를 지속시킬 수 있는 질문을 아이에게 던지면 된다. 토끼와 거북이를 예로 들면 "왜 토끼가 갑자기 낮잠을 잤을까?", "거북이가 토끼를 제치기 위해 몇 시간이나 걸렸을까?"라면서 아이의 흥미를 자극시킬 수 있다.

이런 과정이 반복되면 아이는 엄마를 통해 배움을 즐겁게 받아들인다. 그리고 곧 배움이 엄마와의 소통이라는 것을 깨닫게 된다. 그 기쁜 소통이 아이를 행복하게 만든다. 그리고 그 행복이 아이의 자존감을 향상시키는 것이다. 그래서 자존감이 높아질수록 아이는 배움을 일상으로 여기고, 그 일상이 쌓여 공부를 잘하는 아이가 될 것이다.

자존감이 강한 아이는 배움을 익힐 때 차분하고 집중력 높은 성격을 유지한다. 그래서 어려운 문제를 만났을 때 쉽게 포기하지 않는다. 그 문제를 해결하기 위해 깊게 생각하고 침착한 태도로 해결하려고 노력한다.

내 아이도 이런 아이로 성장할 수 있다. 엄마와 함께 배움의 즐거움을 느낀다면 아이는 노력의 천재가 될 수 있다. 그리고 그 결실이 아이의 자존감을 키우고 공부 실력도 함께 키우는 것이다.

- 2 -

실수하면 유독 엄마 눈치를 살펴요.
제게 문제가 있나요?

유독 신중한 성격의 아이들이 실수를 하면 잘 대처하지 못합니다. 그리고 작은 실수도 큰일처럼 받아들입니다. 실수할 때마다 엄마의 눈치를 살피는 아이에게는 엄마가 아이의 실수를 대수롭지 않게 생각해야 합니다. 아이의 실수를 대수롭지 않은 일처럼 자주 반응해야 합니다. 큰일인 것처럼 아이를 다그치거나 야단친다면, 아이는 실수에 대한 두려움이 생깁니다. 그래서 잘 하던 일도 겁부터 먹고 시도하지 않으려고 합니다. 아이가 실수를 해도 엄마가 너그럽게 이해하고 아이가 실수를 스스로 고칠 수 있는 시간을 주면 됩니다. 아이가 실수할 때마다 화가 난다면 그 자리를 잠시 벗어나면 됩니다. 대신 엄마 눈치를 살피고 있을 아이에게 따뜻한 미소를 보여줘야 합니다. 그리고 아이가 스스로 실수를 잘 고쳤는지 시간을 준 후 확인하면 됩니다. 아이가 제대로 해결하지 못했다면, 아이에게 해결책을 알려줘야 합니다. 그리고 아이 스스로 잘 하고 있는지 옆에서 따뜻하게 지켜보면 됩니다. 이런 과정이 반복될수록 아이는 실수에 대한 두려움이 사라집니다.

자존감 높은 아이가
교우 관계도 좋다

친구들과 행복하게 지낼수록 아이의 자존감은 높아진다

"남을 행복하게 할 수 있는 사람만이 행복을 얻을 수 있다."라는 플라톤의 유명한 말이 있다. 이 말의 의미는 다른 친구들과 행복하게 지낼수록 내 아이의 자존감이 높아진다는 의미와 같다. 현재 나는 성인을 대상으로 한 책 쓰기 수업을 진행하고 있다. 하지만 과거에는 초등학생을 대상으로 한 독서 논술 수업을 진행한 경험이 있다. 초등학교 2학년 아이들을 대상으로 독서 논술 수업을 진행하던 어느 날 나는 아이들에게 『친구를 모두 잃어버리는 방법』이라는 책을 소개했다. 이 책은 친구들과 어울리지 못하는 방법을 다양하게 제시한다. 내용은 이렇다.

첫 번째로 친구들을 향해 웃지 말라고 충고한다. 짜증나거나 시무룩한 표정을 하며 학교생활을 하라고 한다. 두 번째, 그 어떤 것도 양보하지 않기를 충고한다. 친구들에게 물건 빌려주기 않기, 맛있는 음식 혼자 먹기 등 양보 없는 학교생활을 하라고 한다. 그 외에도 친구들 놀리기, 선생님께 고자질하기, 경기 중 반칙하기, 갈등이 생길 때마다 시끄럽게 울기 등의 방법이 있다.

나는 아이들에게 이 책을 읽고 난 후, 자신들의 학교생활을 떠올려보라고 했다. 그 뒤, 지금 나는 어떤 학교생활을 하고 있는지 아이들에게 글로 표현하는 시간을 줬다. 몇 명의 아이는 이 책을 읽고 난 후, 뜨끔했다. 그리고 내게 다가와 귓속말로 말했다.

"선생님, 실은 제가 친구들이 잘못하는 일이 있으면 항상 선생님께 가서 일렀어요. 그래서 친구들이 저를 싫어해요. 그런데 저는 친구들을 다 잃고 싶지 않아요. 이제 조심할게요."

아이들은 독서 논술 수업을 하며 스스로의 학교생활을 떠올렸다. 그리고 스스로 반성했다. 어떤 아이들은 친구들과의 사이가 돈독하다. 하지만 어떤 아이들은 친구들과 어울리지 못하고 혼자 보내는 시간이 많기도 하다. 이것은 무슨 차이일까? 바로 자존감의 차이다. 위에 제시된 친구를 잃어버리는 방법은 한 마디로 자존감이 약한 아이들의 특징을 열거한 것이다.

행복한 교우 관계에는 '배려'가 있다

행복한 교우 관계의 밑바탕에는 누군가를 향한 배려가 깔려 있다. 교우 관계에서의 배려란 자신만의 입장을 친구에게 고집하지 않는 것이다. 그리고 친구들의 입장이 돼서 친구들의 입장을 헤아리는 것이다. 그리고 친구에게 기꺼이 내 것을 양보하는 것이다. 이런 배려는 갑자기 생기지 않는다. 번갯불에 콩 볶듯이 어느 날 갑자기 생기는 것이 아니다.

배려는 어릴 때부터 생긴 습관이다. 그리고 그 습관은 초등학생이 되면 빛을 발한다. 그래서 엄마는 아이가 초등학생이 되면 그 습관을 자존감으로 만들게 키워줘야 한다. 자존감이 성장할수록 배려도 자라기 때문이다. 또한 그 배려 덕분에 아이는 학교가 아닌 어느 단체 생활에서도 바르게 행동할 수 있다. 그 말은 다른 단체 생활에서도 아이가 행복한 교우 관계를 지속할 수 있다는 것이다.

아이가 친구들과 잘 지내려면 엄마는 아이의 공감 능력과 소통 능력을 발달시켜야 한다. 그리고 그 모든 능력은 아이의 자존감과 밀접한 관련이 있다. 그래서 자존감이 높아지면 아이의 공감 능력은 발달한다. 또한 공감 능력이 발달할수록 아이의 소통 능력도 발달하게 된다. 이 모든 것은 톱니바퀴 돌아가듯이 모두 긴밀하게 연결돼 있다. 그래서 아이는 초등학생이 되면 감정 표현의 올바른 방법을 반드시 알고 있어야 한다. 그래야 친구들과 행복한 관계를 유지할 수 있다. 그리고 갈등이 생겼을 때 현명하게 대처하는 방법을 알 수 있다. 또한 친구의 마음을 배려하면서 자신의 입장을 솔직하게 표현할 수 있는 것이다.

아이가 제대로 된 감정 표현을 친구에게 표현하려면 반드시 엄마와의 긍정적인 상호 관계가 필요하다. 그리고 엄마는 자신의 감정을 아이에게 솔직히 표현해야 한다. 동시에 아이의 마음을 온전히 받아주는 것이다. 아이가 어떤 말이든 엄마에게 쉽게 표현할 수 있는 정서적 안정감을 조성하는 것이다. 아이가 정서적으로 안정된 순간, 아이는 마음속에 있는 말을 엄마에게 하게 된다. 그러면 엄마는 아이의 말에 적극적으로 공감하면 된다. 아이의 말에 공감할 때는 엄마 역시 감정이 들어간 단어를 사용해야 효과적이다.

예를 들어, 아이가 조용히 독서를 하고 있는데 아이의 동생이 시끄럽게 게임을 한다. 그래서 아이는 동생의 소리 때문에 독서를 할 수가 없다. 이런 상황에서 아이는 엄마에게 이렇게 말할 것이다.

"엄마, ○○이 때문에 책을 읽을 수가 없어요. 너무 시끄러워서 방해
돼요."

"○○이가 시끄럽게 게임하나 보구나. 우리 딸이 지금 책을 읽고 싶은
데, 책을 못 읽어서 속상하겠다. '○○아, 누나가 지금 책을 읽고 싶은데
시끄러운 소리 때문에 집중을 할 수가 없어. 그러니까 소리를 좀 줄여주
면 안 될까?'라고 동생에게 말해보는 건 어때?"

이렇게 아이의 말에 엄마는 '속상하겠다'는 감정의 공감을 먼저 한다.
그리고 아이에게 효과적인 의사 소통법을 제시하는 것이다. 아이들은 정
서적으로 미숙하기 때문에 엄마가 소통하는 방법을 알려주지 못하면 서
로 대화를 나누다가 상처를 받게 된다.

위와 같은 상황에서도 엄마가 "속상하겠다. 조용히 하라고 해."라고만
알려줬다면, 아이는 남동생을 향해 "야, 시끄러워! 조용히 해!" 이렇게만
말하게 된다. 이 말은 들은 남동생은 누나가 왜 그렇게 외치는지 알 수가
없다. 그래서 단지 자기를 무시하거나 공격하기 위한 말로 받아들인다.
그렇게 해서 두 남매는 결국 싸우게 되고 둘 다 엄마에게 혼나는 것이다.
그렇기 때문에 엄마는 처음부터 구체적으로 내 의사를 전달하는 방법을
아이에게 가르쳐야 한다.

'나는 지금 무슨 활동을 하고 싶은데 너의 어떤 행동으로 인해 할 수 없어서 내 마음이 어떠하다.'라고 표현하는 방법을 알려줘야 하는 것이다. 누나가 동생을 향해 "누나가 지금 조용히 책을 읽고 싶어. 그런데 네가 시끄럽게 게임을 하니까 집중을 못하겠어. 그러니까 소리를 조금만 줄여줄래?"라고 말한다면 동생도 "응, 누나."라고 대답한 후 소리를 줄일 것이다.

둘 다 똑같은 상황이지만 대화하는 방법은 다르다. 이처럼 서로 다른 대화법이 아이의 자존감에 많은 영향을 미치는 것이다. 친구에게 내가 하는 말이 잘 전달될수록 내 친구들과의 관계가 좋아진다. 그리고 그 연장선에는 행복한 학교생활이 있다.

자존감이 높은 아이는 자신을 친구보다 우월한 존재로 생각하지 않는다. 그래서 자존감이 높은 아이는 항상 친구들과의 사이가 좋다. 또한 자존감이 높은 아이는 친구들의 의견을 겸허히 받아들인다. 그리고 스스로 인정할 부분은 적극적으로 인정한다. 자존감이 건강한 아이는 자신의 부정적인 면을 이야기해주는 친구를 향해 비난을 퍼붓지 않는다. 오히려 친구의 의견을 고맙게 받아들인다. 그리고 더 나은 교우 관계를 위해 노력한다. 친구가 말해준 의견을 토대로 더 나은 사람이 되기 위해 스스로 노력하는 것이다.

초등학생 시절 교우 관계는 무척 중요하다. 이제 내 아이를 비롯한 주변 아이들은 더 이상 잘 지내라는 친구 엄마의 충고를 귀담아듣지 않는다. 그래서 친구 엄마가 "사이좋게 지내."라는 말을 해도 내 아이가 변하지 않는다면 친밀한 교우 관계를 형성할 수 없는 것이다. 그러므로 이제는 그 몫을 아이에게 넘겨줘야 한다. 엄마가 해야 할 일은 다른 친구를 향해 "우리 아이와 잘 지내."라는 말이 아닌, 내 아이 자존감을 향상시키는 것이다.

06

초등 자존감이 곧
내 아이 제 2의 성격이다

내 아이의 성격이 집과 학교에서 일치하지 않을 수 있다

초등학교 5학년 담임을 맡았을 때, 나는 늘 속마음이 궁금한 남자 아이가 있었다. 그 아이는 학교에서 아무 말도 하지 않았다. 그리고 아무 표정도 짓지 않았다. 친구들과 말도 섞지 않았다. 종일 자기 자리에만 앉아 있다가 하교했다.

나는 그 아이, 상우가 무슨 생각을 하며 사는지 항상 궁금했다. 글을 통해서라도 그 아이의 마음을 알고 싶어서 매달 설문 조사를 실시했다. 다른 아이들에게는 학교 폭력을 예방하기 위한 설문 조사라고 하면서 말이다. 하지만 그 설문 조사의 진짜 목적은 상우를 위한 것이었다. 설문 조사를 실시하면 지금 어떤 문제점이 있는지, 무슨 고민을 하고 있는지 알 수 있을 것이라고 생각했다. 하지만 그런 나의 생각은 착각이었다. 상우는 설문 조사를 할 때마다 모든 항목에 '문제없음'이라고 적었다.

분명 그 아이는 문제가 있었다. 그런데 늘 적는 내용은 '문제없음'이었다. 나는 그런 아이가 무척 답답했다. 여러 번 대화를 시도했지만 그 아이는 항상 고개로만 대답할 뿐이었다. 좋다는 표현을 할 때는 고개를 위아래로 흔들었다. 그리고 싫다는 표현을 할 때는 고개를 양옆으로 흔들 뿐이었다. 나를 포함한 반 친구들이 상우와 의사소통할 수 있는 방법은 오직 그게 다였다. 그렇게 상우의 목소리를 제대로 듣지 못한 채 2학기를 맞이했다. 2학기가 된 후, 학부모 상담을 하게 됐다. 나는 상우 엄마가 꼭 오기를 간절히 바랐다. 다행히 상우 엄마는 학부모 상담을 신청했고 나와 상담을 하게 됐다.

"어머니, 상우는 집에서 어떻게 생활하나요?"

"우리 상우요? 아이고, 입을 가만 안 둬요. 저랑 있으면 별 이야기를 다 해요."

"아, 정말요? 실은 상우가 학교에서는 단 한마디도 안 해요. 친구들과도 어울려서 놀지도 않고요."

"안 그래도 오늘 선생님 뵈려고 했던 목적이, 지수가 우리 상우를 자꾸 괴롭히는 모양이더라고요. 그거 알고 계셨어요?"

"네? 지수가요?"

"모르신 모양이구나. 지금 6개월도 넘었어요. 저는 집에서 상우한테 계속 들었어요. 계속 우리 상우를 괴롭힌다고. 선생님, 우리 아이 좀 신경써주세요. 6개월이 넘었는데 모른다는 게 말이 안 되죠."

나는 엄마의 태도에 무척 당황했다. 나는 지수가 상우를 괴롭히는 행동을 목격한 적이 없었다. 그걸 알지 못한 나 자신이 너무 부끄러웠다. 또한 매달 실시한 설문 조사에서 상우는 항상 '문제없음'이라고 적었다. 그래서 상우 엄마의 말은 나에게는 엄청난 충격이었다. 상우 엄마 말에 의하면 상우는 집에서 매우 명랑한 아들이라고 했다. 엄마는 딸 같은 아들이라고 표현했다. 그래서 상우에게는 아무런 문제가 없다고 했다. 하지만 나의 입장은 달랐다. 상우는 분명 마음에 문제가 있었다. 그리고 아이의 자존감은 높지 않았다.

그날의 상담 뒤로 나는 지수를 불렀다. 그리고 지수에게 자초지종을 물었다. 지수는 괴롭힘이라는 단어에 눈물을 흘렸다. 억울하다고 토로했다. 지수 역시 상우와 의사소통을 할 때 상우의 고갯짓을 통해 상우의 마음을 추측했다고 한다. 그리고 상우의 표현을 자신의 입으로 직접 다른 친구들에게 표현했다고 한다. 지수는 이런 식으로 상우를 돕고 싶었다.

하지만 지수는 종종 상우의 고갯짓과 정반대되는 의사 표현을 친구들에게 알리는 실수를 범했다. 상우는 그 모습을 지수가 자신을 괴롭힌다고 받아들인 것이다.

내 아이 제 2의 성격은 공동체 생활 속 말과 행동이다

아이의 자존감이 얼마나 건강한지는 아이가 엄마의 품에 있을 때 나타나지 않는다. 일명 엄마 품에 있는 성격을 아이의 원초적 성격이라 표현할 수 있다. 엄마에게 아이는 눈에 넣어도 안 아플 보배다. 내 배 아파 낳은 내 새끼라는 표현이 있듯이, 엄마 눈에는 항상 어린아이처럼 보이기 때문이다. 그래서 아이가 초등학생이 됐어도 어린아이 대하듯 대하는 엄마가 있다. 아이들은 그런 엄마의 성격을 잘 알고 있다. 아이는 고학년이 돼도 엄마 앞에서는 여전히 어린아이다. 이런 마음으로 엄마를 대한다. 엄마 앞에서 자신이 하고 싶은 모든 행동을 다 하고 자신이 하고 싶은 모든 말을 털어놓는다.

엄마는 이런 아이의 말과 행동을 보고 건강하게 잘 크고 있다고 생각한다. 하지만 내 아이의 제2의 성격은 아이가 공동체 생활을 하면서 시작된다. 아이가 초등학생이 되고 나면, 더 이상 엄마 품에 있지 않는다. 학교생활, 방과 후 교실, 학원 등 자신만의 일과를 갖게 된다.

그 일과가 길수록 아이는 그만큼 엄마와 대화하는 시간이 줄어든다. 그리고 엄마와 소통할 수 있는 기회가 줄어든다. 그 줄어든 시간만큼 아이는 공동체 생활을 해야 한다. 그리고 그 공동체 생활에서 아이가 하는 말, 행동이 아이의 제2의 성격이다. 그렇기 때문에 엄마는 아이가 집에서 하는 말과 행동으로만 아이의 성격을 단정 지어서는 안 된다. 엄마가 중요하게 생각할 부분은 엄마가 없는 공간에서의 아이 모습이다. 공동체 생활을 하면서 아이가 하는 말과 행동을 반드시 알아야 하는 것이다.

상우처럼 집에서는 잘 지내지만 학교에 가면 말 한 마디 안 하거나 친구들과의 사이가 좋지 않은 아이가 있다. 엄마는 이런 아이의 전혀 다른 모습을 심각하게 받아들이지 않는다. 그래서 집에서 하는 행동으로 아이의 성격을 결정한다. 그리고 그 모습을 통해 우리 아이의 자존감은 건강하다고 생각한다. 하지만 이는 철저히 잘못된 생각이다. 엄마가 진지하게 들여다볼 아이의 모습은 학교에서의 모습이다. 예를 들어 내 아이가 학교에서 문제를 일으키거나 학교 수업 시간에 집중을 못 하는 행동이 반복된다면, 아이의 자존감에 문제가 있는 것이다. 그리고 아이의 마음이 건강하지 않다는 신호다. 엄마 앞에서 보여주는 아이의 모습이 아이의 진짜 자존감이 아닐 수 있다는 것이다.

이처럼 아이가 가진 제 2의 성격의 뿌리는 자존감이다. 뿌리가 곧게 뻗

어나갈수록 아이는 집에서 하는 행동과 학교에서 하는 행동이 모두 일치한다. 하지만 그 뿌리가 약한 아이는 집에서와는 정반대의 모습으로 학교생활을 한다. 그리고 집에 오면 언제 그랬냐는 듯이 다시 엄마의 갓난아기로 돌아간다.

그러므로 엄마는 학교 선생님, 혹은 다른 친구들을 통해 아이의 학교생활을 반드시 알아야 한다. 직장에 다닌다는 핑계로 알아서 잘하겠거니 하는 생각은 반드시 버려야 한다. 어떻게든 자투리 시간을 만들어서 아이의 학교생활 모습을 점검해야 한다. 그리고 문제점이 있다고 느끼는 순간, 엄마는 현재 아이 자존감에 큰 문제가 있다는 것을 인식해야 한다. 그리고 그 자존감을 회복하기 위해 어떤 노력을 해야 하는지 구체적으로 생각해야만 한다.

아이가 초등학생이 되면 엄마 품을 벗어난다. 그리고 아이는 제2의 성격을 갖게 된다. 아이의 새로운 제2의 성격은 결코 집 안에서 나오지 않는다. 그러므로 엄마는 아이의 학교생활을 자주 점검해야 한다. 그리고 자존감에 문제점이 있다면 반드시 아이와 함께 개선해야 한다. 초등 자존감이 곧 아이의 제2의 성격이라는 것을 명심하자.

- 3 -

우리 아이가 학교에서 자주 싸워요.
어떻게 해야 할까요?

학교에서 자주 싸우는 아이는 엄마의 사랑을 원합니다. 그리고 엄마와 많은 소통을 하기 원합니다. 아이가 자주 싸운다면 엄마는 아이와의 대화 시간을 늘려야 합니다. 그리고 대화를 나눌 때 엄마는 아이의 말을 계속 들어줘야 합니다. 엄마의 이야기만 하지 말고, 아이가 엄마에게 자신의 속마음을 털어놓을 수 있도록 계속 아이의 말을 들어줍니다. 아이의 말을 들어주면서 엄마는 감정의 단어를 사용해서 아이의 마음을 공감합니다. 이런 과정이 반복되면, 아이는 엄마와 대화하는 시간을 즐기게 됩니다. 그리고 자연스럽게 어떤 상황에서 어떤 감정이 드는지 엄마에게 솔직하게 이야기하게 됩니다. 엄마가 아이의 그런 마음을 충분히 알았다면, 아이에게 효과적인 대화법을 알려줘야 합니다. "어떤 상황에서 어떤 기분이 들기 때문에 그런 행동을 하지 않았으면 좋겠다."라고 친구에게 말할 수 있도록 엄마는 구체적으로 알려줘야 합니다. 그리고 엄마와 갈등이 생겼을 때도 엄마도 알려줬던 대화법으로 아이에게 말해야 합니다. 이런 과정이 반복돼서 아이의 습관이 되고, 그 습관을 통해 싸움이 아닌 대화로 해결하는 아이로 성장합니다.

07

초등 시절 자존감이
아이의 미래다

초등 시절 아이의 찬란함이 곧 영원한 찬란함은 아니다

크리스마스만 되면 떠오르는 영화가 있다. 바로 〈나 홀로 집에〉다. 영화의 주인공 케빈은 누가 봐도 사랑스럽다. 그 역할을 잘 해낸 배우는 '맥컬리 컬킨'이다. 그는 아역 시절, 익살스럽고 재치 있는 연기로 전 세계인을 사로잡았다.

특히 주인공 케빈이 아버지의 스킨을 뺨에 바르며 비명을 내지르는 장면은 여러 곳에서 패러디되었다. 그만큼 그의 초등학교 시절은 빛났다. 찬란하고 눈부실 정도로 빛이 났다. 맥컬리 컬킨의 초등학교 시절에 누군가에게는 우상이 됐고 부러움의 대상이었다.

하지만 성인이 된 이후 그의 찬란함의 불빛이 꺼졌다. 그리고 그 자리에는 진한 어둠이 짙게 깔렸다. 늘 그의 모습은 '충격적인 맥컬리 컬킨의 근황'이라는 뉴스와 함께 인터넷 기사에 보도됐다.

노숙 생활을 하고 있는 장면, 마약 소지로 체포된 모습 등 그의 현재 모습은 이루 말할 수 없었다. 인터넷 기사 속 그의 모습은 옛날의 케빈이 아니다. 그의 얼굴과 표정은 그동안 방황했던 세월이 여실히 드러난다. 영원히 찬란할 것만 같았던 그의 삶은 그렇게 '안타깝다'는 수많은 댓글과 함께 가십거리가 됐다. 반면에 초등 시절 한시도 가만히 있지 못했던 한 아이가 있다. 아이는 늘 학교에서 산만했다. 그리고 한 가지 일에 제대로 집중하지 못했다. 그런 아이를 향해 학교 선생님은 항상 이렇게 말했다.

"너 같은 애는 무엇을 해도 하나도 성공하지 못하겠다!"

이 말을 들으며 그는 ADHD(주의력 결핍 및 과잉 행동 장애)진단을 받았다. 이 아이의 이름은 마이클 펠프스다. 초등 시절, 마이클 펠프스는 친구들의 조롱거리 였다. 또한 학교 선생님들은 그를 향해 어떤 일도 제대로 성공하지 못할 것이라며 낙인을 찍었다. 이렇게 마이클 펠프스의 초등 시절은 찬란하지 못했다. 하지만 그는 지금 어떤 존재인가? 마이클 펠프스는 올림픽 수영 역사상 최초로 8관왕을 달성했다. 그리고 다섯 번의 올림픽을 거쳐 총 28개의 메달을 획득했다. 그렇게 그는 총 28개의 메달을 획득한 올림픽 최다 메달리스트라는 타이틀을 얻게 됐다.

현재 그는 찬란함으로 빛나고 있다. 28개의 메달을 획득할 정도로 찬란한 인생을 살고 있다. 그의 초등학생 시절 어둠은 어느새 사라지고 없다. 그의 현재 모습은 빛나는 금메달처럼 오직 빛나고 있을 뿐이다.

맥컬리 컬킨의 초등학교 시절은 찬란했고 마이클 펠프스의 초등학교 시절은 조롱거리의 대상이었다. 그랬던 그들이 성인이 되자, 어떻게 됐는가? 정반대의 상황이 됐다. 맥컬리 컬킨은 구설수의 대상이 됐다. 그리고 더 이상 그의 얼굴과 행동은 그 어떤 찬란함도 뿜어내지 못한다. 하지만 조롱거리의 대상이었던 마이클 펠프스는 찬란한 인생을 살고 있다. 더 이상 누군가 비웃는 대상이 아니다. 그의 얼굴, 그의 행동, 그의 말까지 모든 것이 다 찬란한 인생을 살고 있는 것이다.

도대체 무엇이 이들의 삶을 바꿨을까? 바로 그들의 초등 시절 자존감이 이들의 삶을 180도로 변하게 만들었다. 그리고 그 자존감을 심어주는 엄마의 역할이 이들의 인생을 바꿨다. 맥컬리 컬킨은 유명한 아역 배우였다. 그래서 영화와 광고 등으로 벌어들인 수입이 많았다. 맥컬리 컬킨의 부모는 아이의 자존감보다 아이의 돈을 우선시했다. 그래서 항상 어린 맥컬리 컬킨이 보는 앞에서 자주 싸웠다. 서로 더 많은 돈을 가져가기 위해서였다. 그리고 결국 이혼을 택했다. 초등 시절, 맥컬리 컬킨은 이런 부모의 모습을 받아들이지 못했을 것이다. 특히 자신보다 돈을 더 먼저 생각하는 엄마의 태도가 그에게 엄청난 상처였을 것이다. 그리고 그 누구도 그의 상처를 치유하지 못했을 것이다. 그 결과, 그 상처는 곪을 대로 곪고 결국 성인이 되자 그 상처가 터져 나온 것이다.

그가 아무리 유명한 아역 배우라고 해도, 그 또한 자존감의 씨앗이 막 싹을 틔우고 있는 한 아이였을 것이다. 그리고 그 씨앗이 무럭무럭 잘 자라기 위해서는 엄마의 역할이 중요하다. 엄마는 아이가 건강한 자존감을 뿌리내릴 수 있게 옆에서 아이를 응원하고 지지해야 한다. 그 역할은 아이가 초등학생이 됐을 때 더욱 중요하다. 하지만 돈에 눈이 먼 엄마는 그런 아이를 외면했다. 그리고 아이의 마음을 보듬어주려고 하지 않았을 것이다. 엄마의 그런 태도가 아이의 자존감에 많은 영향을 미쳤고 그것이 아이의 자존감을 무너지게 했을 것이다. 그리고 그 무너진 아이의 자존감이 곧 그 아이의 미래가 된 것이다.

반면에 마이클 펠프스의 엄마는 달랐다. 그의 엄마는 ADHD 진단을 받은 아들을 위해 치료 방법을 찾아 나섰다. 그리고 그 치료 방법의 하나로 수영이라는 것을 알게 됐다. 수영이 아이의 과잉 행동을 조절해준다는 말을 듣고 곧바로 아이에게 수영을 가르친 것이다.

처음에 그는 물에 얼굴을 담그지 못했다. 그리고 수영을 포기하려고 했다. 하지만 그럴 때마다 엄마는 아이 편이 됐다. 아이가 계속 물을 두려워하지 않게 도왔다. 옆에서 가만히 아이를 지켜보며 '엄마는 언제나 네 편이야.'라는 무언의 메시지를 전했다.

엄마의 그런 모습이 어린 마이클 펠프스에게는 건강한 자존감의 씨앗이 됐다. 그 덕에 초등 시절 마이클 펠프스는 끈기와 노력으로 수영을 배웠다. 그의 끈기와 노력은 무럭무럭 잘 자라고 있는 그의 자존감 덕분이었다. 그리고 그 자존감을 건강하게 키웠던 원동력은 그를 믿고 지지해준 엄마였다. 그 원동력으로 그는 금메달리스트가 됐다. 그리고 그는 올림픽 수영 역사상 최초로 8관왕을 달성한 수영 황제가 됐다. 그의 건강한 자존감이 무럭무럭 자라서 그를 빛나는 성인으로 만들어준 것이다.

초등 시절 자존감이 곧 아이의 미래다

이처럼 초등 시절 자존감은 매우 중요하다. 초등 시절 자존감이 곧 아이의 미래가 되기 때문이다. 이 시절 엄마의 전폭적인 지지를 받은 아이는 자신을 행복한 아이라고 느낀다. 그래서 아이는 마음속에 행복함을 간직하며 건강한 자존감을 키우는 것이다. 그 건강한 자존감이 무럭무럭 자라면 아이는 어느덧 성인이 된다. 그리고 아이는 여전히 자신의 삶을 낙관적인 태도로 바라보고 자신에 대해 만족한다. 또한 어떤 상황이 닥쳐도 아이는 모든 것을 긍정적으로 받아들인다. 그래서 건강한 자존감을 가진 아이는 성인이 된 이후, 더 행복한 인생을 살게 되는 것이다. 내 아이가 행복한 미래를 살려면 자신의 삶을 낙관해야만 한다. 그리고 무엇이든 긍정적으로 바라봐야 한다. 또한 자기 스스로에 대한 만족감이 있어야만 한다. 이 3가지는 모두 건강한 자존감을 통해 나오는 것이다.

초등 시절은 엄마가 내 아이의 마음속에 자존감의 씨앗을 뿌려야 한다. 그리고 그 씨앗 안에는 자신의 삶에 대한 낙관 씨앗이 들어 있다. 그리고 긍정의 씨앗이 들어 있다. 또한 자기 자신에 대한 만족이라는 씨앗이 들어 있다. 엄마는 이 3가지가 들어간 씨앗을 잘 보살펴야 한다. 그리고 뿌린 씨앗이 썩지 않고 잘 자랄 수 있게 아이를 적극적으로 지지해야 한다. 이 씨앗이 잘 자라고 무럭무럭 성장한 만큼 아이의 미래는 밝아질 것이다. 기억하자. 아이를 행복한 어른으로 키우는 열쇠는 바로 초등 시절 자존감이다.

08

초등 자존감이
중요한 이유

자존감은 아이의 삶과 밀접한 관련이 있다

매해 초등학교 1학년 입학식이 되면 강당이 북적북적하다. 강당에는
첫 공동체 생활을 축하하는 현수막이 걸려 있다. 강당 안에는 1학년 아이
들을 위한 많은 선물이 준비되어 있다. 그리고 강당 뒤에는 긴장한 부모
님들이 서 있다. 첫 손주가 초등학교 1학년이 된 것을 축하하기 위해 할
아버지, 할머니 등 대가족이 총 출동한 모습도 보인다. 아이들은 입학식
이 시작되면 부모님의 손을 잡는다. 그리고 그 손을 잡고 강당 가운데에
놓인 의자로 향한다. 아이가 의자에 앉는 순간, 엄마는 아이의 손을 놓는
다. 엄마의 손을 놓는 그 순간, 아이는 이제 새로운 생활을 시작하게 되
는 것이다.

강당에 앉아 있는 그 순간 아이는 모든 것이 낯설다. 그래서 가끔씩 자신을 바라보고 있는 엄마를 찾는다. 그리고 엄마와 눈이 마주치면 안심한다. 입학식이 끝나면, 의자에 앉아 있는 아이들을 향해 담임 선생님이 걸어온다. 그리고 그 아이들을 데리고 새롭게 시작할 교실로 들어간다.

담임 선생님은 아이들에게 초등학교 생활에 대한 이야기를 해준다. 아직 아이의 손을 마음에서 놓지 못한 엄마들은 아이들의 교실까지 들어온다. 그리고 담임 선생님의 말을 경청한다. 담임 선생님의 이야기가 다 끝나면, 아이들은 놓았던 엄마의 손을 다시 잡는다. 그리고 엄마와 함께 집으로 향한다. 이렇게 아이들은 초등학교 시절을 시작하는 것이다.

초등학교 1학년이 되면 아이는 모든 것이 낯설고 긴장된다. 그리고 그 마음은 엄마 또한 마찬가지다. 엄마 역시 아이의 입학식 전날 잠을 설친다. 그리고 아이가 초등학교 생활을 잘해낼지 많은 걱정을 한다. 그런 엄마의 걱정과 함께 아이는 초등학교 생활을 시작한다. 아이는 6년을 학교에서 보내게 된다. 그리고 그 6년이라는 시간은 아이 인생에 가장 중요한 출발선이 된다. 그 출발선에 놓인 한 단어가 있다. 바로 '자존감'이다.

자존감은 아이의 삶과 밀접한 관련이 있다. 그 밀접한 관련은 현재를 넘어 미래까지 해당된다. 그만큼 아이의 초등 자존감은 아이 삶을 변화시키는 원동력이라는 말이다. 그 원동력이 건강한 만큼 아이는 건강한 길을 걷게 된다. 하지만 그 원동력이 연약한 만큼 아이는 연약한 길을 걷게 된다. 그 길의 출발선은 바로 초등 시절이다. 자존감의 출발선인 초등 시절, 왜 자존감이 그토록 중요할까?

첫째, 초등 자존감은 곧 아이의 학교생활 연장선이다. 아이들은 초등학교 6년을 거친 뒤, 중학교 3년, 고등학교 3년이라는 시간을 학교에서 보내게 된다. 아이들이 학교에서 보내는 세월은 총 12년이 된다. 학년이 올라갈수록 아이는 집이 아닌 학교에서 보내는 시간이 많아진다. 그리고 고등학생이 되면 하루 절반 이상의 시간을 학교에서 보낸다. 그 많은 시간 동안 아이는 공부를 하며 친구들과 함께 어울려야한다.

초등 자존감을 건강하게 형성한 아이는 이 시기를 잘 견뎌낸다. 그리고 행복한 학교생활을 한다. 아이는 대부분의 시간을 학교에서 보내는 만큼 그 모든 시간이 행복하다. 그래서 힘들지 않게 학교생활을 긍정적으로 잘해낼 수 있다. 하지만 초등 자존감을 건강하게 형성하지 못한 아이는 학년이 올라갈수록 학교에서 보내는 대부분의 시간을 힘들어한다. 그리고 그 많은 시간이 아이에게 스트레스가 된다. 스트레스가 쌓일수록 아이는 대부분의 시간을 불행하게 생각한다. 그래서 불행한 학교생활을 지속하게 되는 것이다.

둘째, 초등 자존감이 잘 형성돼야 아이가 잘 자란다. 자존감은 내 아이의 모든 것과 연결되어 있다. 특히 내 아이의 성장과 밀접한 관련이 있다. 초등 자존감을 건강하게 형성할수록 아이는 매일 기분 좋은 상태를 유지한다. 그리고 그 기분 좋은 상태가 아이 뇌의 신경 회로를 활짝 열어준다. 활짝 열린 신경 회로는 아이 몸에 필요한 신경 전달 물질을 전달하는 역할을 한다. 그 덕에 아이의 신체는 건강하게 자랄 수 있다. 하지만 초등 자존감이 연약하면 아이 뇌에서는 신경 전달 물질이 제대로 나오지 않는다. 그래서 아이가 자랄수록 우울증, 강박증 등과 같은 신경 정신계 질환이 나타난다. 이런 신경 정신계 질환은 아이의 성장을 방해한다. 따라서 아이가 건강하게 무럭무럭 잘 크기를 원한다면, 초등 자존감을 잘 형성해줘야만 한다.

초등 자존감은 아이의 문제 해결력, 독립심과 깊은 관련이 있다

셋째, 초등 자존감은 아이가 스스로 문제 해결을 하도록 만들어준다. 초등학생 아이들은 학년이 올라갈수록 다양한 문제에 직면하게 된다. 아이에게 그 문제는 쉬운 문제일 수도 있고 풀기 어려운 문제일 수도 있다.

쉬운 문제는 자존감의 영향을 크게 받지 않는다. 하지만 문제는 어려운 문제에 직면했을 때다. 어려운 문제에 직면한 순간 아이의 자존감은 빛을 발한다. 혹은 자존감이 무너진다. 초등 시절 건강한 자존감을 가진 아이는 어려운 문제를 어렵게 받아들이지 않는다. 스스로 해결할 수 있는 과제라고 생각한다. 그리고 그 문제를 해결했을 때 자신이 느낄 보람과 성취감을 생각한다.

지금 당장 그 문제가 해결되지 않는다고 해서 좌절하지 않는다. 해결되지 않는 만큼 아이의 마음에는 '이 문제를 꼭 해결하리라.'는 강한 열정이 솟는다. 그리고 그 강한 열정이 아이가 반드시 그 문제를 해결하게끔 도와주는 것이다. 하지만 초등 시절 연약한 자존감을 가진 아이는 어려운 문제를 맞닥뜨린 순간 좌절한다. 그리고 그 문제를 해결하기도 전에 바로 포기해버린다. 그리고 그 문제를 외면하려고 노력한다. 어려운 문제를 외면할수록 아이는 점점 해낼 수 있는 것들이 줄어든다. 그리고 줄어든 만큼, 아이의 성장은 더디게 간다.

이처럼 초등 시절 자존감은 아이의 문제해결력과 밀접한 연관이 있다. 건강한 자존감을 가진 아이는 문제를 문제로 받아들이지 않는다. 하지만 연약한 자존감을 가진 아이는 문제를 심각한 문제로 받아들인다.

넷째, 초등 자존감은 아이의 독립심을 키워준다. 아이는 초등학생이 되면 엄마 품을 벗어나게 된다. 그리고 학교라는 공간에서 공동체 생활을 하게 된다. 그곳에서 의지할 사람은 누구도 없다. 스스로의 힘으로 공부를 해야 하고, 친구들과 친해져야 한다. 이 모든 일을 엄마가 초등학생인 아이 옆에 앉아서 일일이 다 해결해줄 수는 없다.

아이가 스스로 공동체 생활을 잘하기 위해서는 아이 마음에는 강한 독립심이 있어야 한다. 그래야 학년이 올라갈수록 아이 스스로의 힘으로 모든 것을 해결하게 된다. 스스로 학습하는 방법을 깨닫게 된다. 그리고 스스로 친구들과 좋은 관계를 맺는 법을 깨닫게 된다. 강한 독립심의 밑바탕에는 아이의 자존감이 있다. 자존감이 건강하지 않으면 아이는 강한 독립심을 가지지 못한다. 그래서 자꾸 엄마에게만 의존하려고 한다. 학교에서 일어나는 모든 일을 엄마를 통해 해결하려고 한다.

초등 저학년 시절에는 엄마를 통해 일을 해결할 수 있다. 그러나 고학년이 될수록 엄마의 역할은 아무런 의미가 없다. 그리고 아이가 중 · 고등학생이 돼서도 마찬가지다. 엄마가 아이를 대신해서 중학교에 입학할 수는 없다. 그리고 아이를 대신해서 고등학교 수능을 볼 수 없다. 아이는 학년이 올라갈수록 이 모든 것을 스스로 해내야 하는 것이다. 그러므로 아이는 학년이 올라갈수록 독립심을 키워야 한다. 그래야만 그 모든 것을 스스로 해낼 수 있다. 아이가 독립심을 키우기 위한 출발 단계는 바로 초등 자존감이다. 초등 저학년 때의 자존감으로 부터 아이의 독립심은 싹을 틔우기 시작한다. 그리고 학년이 올라갈수록 그 싹은 점점 자라 꽃을 피우고 열매를 맺게 되는 것이다.

　초등 자존감은 아이의 학교생활에 많은 영향을 미친다. 그리고 아이의 성장을 주도하는 강한 원동력이다. 그리고 아이가 스스로 문제를 해결할 수 있게 도와주는 역할을 한다. 또한 학년이 올라갈수록 내 아이에게 필요한 강한 독립심을 심어준다. 이 모든 것의 출발선은 바로 초등 자존감이다. 그러므로 아이의 초등 시절 자존감은 반드시 건강해야만 한다.

- 4 -

아이가 초등학교 저학년인데 공부를 전혀 안 하려고 해요. 어떻게 해야 할까요?

저학년 아이들은 집중력의 시간이 부족합니다. 그래서 수업 시간 40분을 의자에 앉아 있는 것도 무척 힘들어합니다. 저학년 아이들은 공부보다는 놀이에 관심이 많습니다. 만일 저학년인 아이가 공부하는 것을 원한다면 엄마가 많은 도움을 줘야 합니다. 집에서 아이와 함께 공부를 놀이처럼 즐기면 됩니다. 예를 들어, 국어책 '토끼와 거북이' 이야기 공부를 한다면 엄마가 먼저 "○○아, 이 이야기에서 토끼라는 말이 몇 번이나 나오는지 한번 찾아볼까?" 하면서 아이와 놀이처럼 공부하면 됩니다. 저학년 아이들은 이런 활동을 무척 좋아합니다. 그래서 엄마보다 더 열심히 '토끼'라는 낱말을 찾기 위해 공부를 하게 됩니다. 또한 수와 관련된 공부를 하고 싶다면, 구체적 조작활동을 통해 놀이처럼 공부를 하면 됩니다. 저학년 아이들은 고학년 아이들처럼 책상에 오랜 시간 앉아서 공부하는 것을 힘들어합니다. 그렇기 때문에 엄마의 목표를 낮추고, 아이와 놀이하는 것처럼 공부를 즐기게 합니다.

2 장

아이의
자존감은
엄마에게
달려 있다

아이의 자존감은
엄마에게 달려 있다

엄마의 행동이 아이의 자존감에 큰 영향을 끼친다

천재적인 물리학자로 유명한 위인이 있다. 바로 아인슈타인이다. 아인슈타인은 4살이 될 때까지 제대로 말을 하지 못했다. 8살이 된 후, 아인슈타인은 학교에 입학했다. 하지만 초등학생이 된 아인슈타인은 별로 달라진 것이 없었다. 수학을 제외하고는 모든 과목에서 낙제를 받았다. 학교 담임 선생님은 처음에 그를 부진아로 낙인찍었다.

부진아로 낙인찍힌 뒤, 아인슈타인은 다른 친구들의 수업을 방해했다. 친구들의 수업을 방해하는 아인슈타인을 보고 담임 선생님은 무척 화가 났다. 아인슈타인의 반복되는 행동에 담임 선생님은 그를 부진아가 아닌 '저능아'로 낙인찍었다. 그에게 더 심한 낙인을 찍은 것이다. 그 뒤로 학교 친구들 또한 아인슈타인을 부진아가 아닌 저능아 취급을 했다. 아인슈타인은 '저능아'라는 존재감만 남긴 채 학교에서 쫓겨날 수밖에 없었다.

당신의 아이가 학교에서 '저능아'라고 낙인찍힌 아인슈타인이라고 가정해보자. 당신은 그런 상황에서 당신의 아이를 어떻게 대할 것인가? 부적응 행동을 하고 있는 아이를 혼낼 것인가? 아니면 당신의 아이를 지지하고 응원해줄 것인가? 이 둘 중 어떤 행동을 하든지 아이의 자존감은 큰 영향을 받는다. '저능아'라고 낙인찍힌 아이를 거침없이 혼낸다면, 아이의 자존감은 바닥으로 떨어질 것이다. 그 결과, '저능아'로 낙인찍힌 것보다 더 낮은 수준의 행동과 모습을 보여줄 것이다. 하지만 '저능아'라고 낙인찍힌 아이를 있는 그대로 인정하고 포용해준다면, 아이의 자존감은 올라갈 것이다. 올라간 자존감은 그 아이를 긍정적으로 변하게 도울 것이다. 이처럼 엄마가 아이를 어떻게 바라보고 행동하는지에 따라 아이는 달라진다.

아인슈타인의 엄마는 학교에서 쫓겨난 아이에게 어떻게 행동했을까? 아인슈타인의 엄마는 '저능아'라는 단어를 그대로 받아들이지 않았다. 전혀 다른 관점에서 해석했다. 남들에게는 '저능아'로 보이는 행동을 아인슈타인 엄마는 '뛰어난 재능'으로 해석한 것이다. 그래서 그 뛰어난 재능을 아이가 발현할 수 있도록 묵묵히 기다려줬다. 그리고 늘 아인슈타인을 따뜻하게 바라보며 이렇게 말했다.

"아이야, 너에게는 그 어떤 다른 아이들에게서는 찾을 수 없는 훌륭한 장점이 있단다. 그래서 오직 너만 해낼 수 있는 일이 너를 기다리고 있단다. 너는 반드시 그 일을 찾아야만 한다. 그리고 너 스스로 그 일을 해내야 한다. 그렇게 되면 너는 이 세상에서 가장 훌륭한 사람이 될 거야."

아인슈타인의 엄마는 하루에도 수십 번씩 아이를 바라보며 용기와 응원을 주는 말을 아끼지 않았다. 또한 아인슈타인의 엄마는 평소 아이를 잘 관찰하고, 아이가 '수학'에 뛰어난 재능이 있다는 것을 알아챘다. 그리고 그 재능을 잘 발휘할 수 있도록 묵묵히 기다려주고 응원해줬다. 그 결과 아인슈타인은 그토록 위대한 물리학자로 탄생했다.

그 물리학자가 되기까지의 과정은 무척 힘들었다. 많은 시련과 역경이 있었다. 하지만 그는 포기하지 않았다. 시련과 역경을 그에게 닥친 '기적'이라고 받아들였다. 그가 시련과 역경을 '기적'으로 받아들일 수 있었던 힘은 무엇일까? 바로 끊임없이 그를 격려해준 그의 엄마의 힘이었다.

어렸을 적 엄마의 따뜻한 말, 따뜻한 눈빛, 따뜻한 행동이 '저능아'로 낙인찍혔던 아인슈타인의 마음에 자존감의 씨앗을 뿌려줬다. 그리고 그 씨앗은 엄마의 따뜻한 사랑을 받으며 무럭무럭 잘 자랐다. 그리고 그의 마음에 위대한 '자존감'이라는 꽃이 피었다. 그 꽃이 모든 시련과 역경을 '기적'으로 받아주는 마음의 힘을 만들어낸 것이다. 아인슈타인 엄마의 힘으로, 아인슈타인은 긍정의 자존감을 키웠고, 그 긍정의 자존감은 그가 우리에게 이런 메시지를 남기게 도와줬다.

"인생을 살아가는 데는 2가지 방법이 있다. 하나는 '아무것도 기적이 아닌 것처럼' 사는 것이고, 또 하나는 '모든 것이 기적인 것처럼' 받아들이고 살아가는 것이다."

아이가 '모든 것이 기적인 것처럼' 살도록 만들어라

아인슈타인은 자신의 인생을 '모든 것이 기적인 것처럼' 받아들이고 살았다. 그가 모든 것을 '기적'으로 받아들일 수 있었던 것은 모두 그의 엄마 덕분이다. 아이를 향한 엄마의 사랑, 엄마의 긍정적인 모습이 '저능아'로 낙인찍혔던 아이의 인생을 '기적'으로 탄생시켜준 것이다.

아이에게 자존감의 씨앗을 뿌리는 사람은 엄마다. 엄마가 아이에게 어떤 씨앗을 뿌리느냐에 따라 아이의 삶이 달라진다. 아이가 이 세상을 바라보는 안목이 달라지는 것이다. 부정의 씨앗을 뿌린 엄마 아이의 삶은 점점 부정적으로 변하게 된다. 그리고 무엇을 보든, 무엇을 듣든'부정'의 자존감으로 세상을 바라보게 되는 것이다.

세상에서 제일 귀한 내 아이가 이 세상을 '부정'의 눈빛으로 바라본다면 엄마에게 그보다 더 슬픈 일이 있겠는가? 그렇기 때문에 엄마는 반드시 아이에게 긍정의 씨앗을 뿌려야 한다. 그리고 긍정의 씨앗이 잘 자라서 아이의 마음에 긍정의 자존감이 자라나게 도와줘야 한다. 아이의 자존감은 오직 엄마에게 달려 있다.

엄마인 나는 지금 아이를 어떻게 바라보고 있는지 생각해보자. 남들이 아이를 편견을 갖고 바라볼 때, 나 또한 그들처럼 아이를 대하고 있지 않는가? 아이가 하는 말과 행동이 모두 마음에 들지 않는가? 만일 지금 나의 마음이 그렇다면, 나는 조금씩 아이에게 부정의 자존감을 키워주고 있는 것이다. 부정의 자존감이 싹트고 있는 아이들은 절대로 행복한 인생을 살 수 없다. 지금 남들에게 낙인찍힌 행동보다 더 좋지 않은 행동을 하는 아이로 자라날 것이다. 그리고 아이 또한 자신을 그렇게 평가할 것이다. 남들처럼 나를 바라보는 엄마의 말과 행동이 결국 아이를 불행한 삶으로 인도하는 것이다.

모든 엄마는 아이가 행복하게 살기 원한다. 아이의 삶이 불행해지기를 원하는 엄마는 단 한 명도 없다. 아이가 행복하게 살려면 간단하다. 아이에게 긍정의 자존감이 생기면 된다. 아이에게 긍정의 자존감이 생기게 하는 방법도 간단하다. 엄마가 아이를 따뜻하게 바라보는 것이다. 그리고 엄마의 그 따뜻함을 아이에게 일관성 있게 보여주는 것이다.

'저능아'를 단어 그대로 받아들지 않고, 남들이 발견하지 못한 뛰어난 재능을 가지고 있다고 생각하면 되는 것이다. 오직 내 아이의 장점을 바라보며, 따뜻한 말과 따뜻한 행동을 하루에도 수십 번 내 아이에게 보여주면 된다. '엄마'라는 사람이 온전히 아이의 편이라는 강한 믿음을 아이에게 심어주면 된다. 그렇게 되면 아이의 마음에는 긍정의 자존감이 싹트고 그 자존감이 아이를 행복한 삶을 살 수 있게 도와줄 것이다.

모든 아이는 이 세상에 사랑받기 위해 태어났다. 그리고 아이들은 엄마에게 많은 사랑을 받기 원한다. 초등학교 아이들에게 엄마는 우주다. 세상의 전부다. 그 우주가 아이를 '저능아' 취급을 한다면 아이 마음에 긍정의 자존감은 자라지 못한다. 그래서 이 세상을 '아무것도 기적이 아닌 것처럼' 살아가게 된다.

엄마는 아이를 '모든 것이 기적인 것처럼' 살 수 있게 도와줘야 한다.

아이가 행복한 인생을 살 수 있게끔, 아이 마음에 긍정의 자존감을 심어야 하는 것이다. 아이를 있는 그대로 바라보자. 그리고 남보다 뛰어난 재능을 가진 아이로 특별하게 키우자. 엄마의 따뜻한 눈빛과 말이 아이를 특별하게 키우는 것이다. 아이의 자존감은 오직 엄마에게 달려 있다는 것을 꼭 명심하자.

엄마 내면의 거울을 들여다보자

학교에서의 아이 모습이 엄마 모습의 거울이다

현재 나는 초등교사 10년 차다. 초등학교는 1년에 2번씩 학부모 상담을 실시한다. 매해 상담을 시작하기 전 유독 기다려지는 엄마가 있다. 하지만 유독 힘든 상담이 될 거라고 예상되는 엄마도 있다. 이 기준은 무엇일까? 바로 학교에서 보여주는 아이의 행동과 모습, 그리고 표정이다. 아이의 표정이 곧 아이 엄마의 표정이다. 그리고 아이가 하는 행동과 말이 엄마가 하는 행동과 말이다. 물론 예외인 아이들도 있지만, 이처럼 학교에서 보이는 아이의 모습이 대부분 아이 엄마 모습의 거울인 것이다. 그래서 학교에서 잘 웃고 해맑은 아이의 엄마는 평소에도 잘 웃는다. 그리고 항상 긍정적인 마음을 갖고 있다. 이런 엄마와의 상담은 행복하다. 나 또한 긍정 에너지를 많이 받기 때문이다. 하지만 이와는 반대로 내가 많은 에너지를 드려야 하는 엄마가 있다. 학교에서 유독 울적한 아이의 엄마다. 그 아이의 엄마 또한 교실 안에 들어올 때면 표정이 어둡다. 지친 기색이 역력하다. 이런 아이의 엄마는 마음의 상처가 많다. 그래서 엄마 마음에 있는 상처를 교사인 나에게 털어놓는다. 마치 그 아이가 앞에 앉아있는 느낌이다. 그래서 나 또한 그런 유형의 엄마와 상담할 때는, 마음이 울적해지고 측은한 마음이 든다.

엄마 스스로 내면을 들여다보고, 내면의 감정을 잘 알아차려야 한다. 아이는 엄마의 마음에 젖어든다. 엄마의 마음은 집 안 공기처럼 떠다닌다. 단지 눈에 보이지 않을 뿐이다. 24시간 집에 머물고 있는 그 공기가 아이의 감정을 지배하는 것이다. 우울한 공기가 떠다니는 집은 아이 마음에 우울한 마음을 싹트게 한다. '화'로 가득찬 집은 아이 마음에 '화'라는 감정을 키워준다.

아이의 감정은 아이의 자존감에 큰 영향을 미친다. 그만큼 아이의 감정은 중요하다. 아이의 감정은 제일 가까운 사이인 엄마의 감정의 영향을 많이 받는다. 즉, 엄마가 집 안에 어떤 감정의 공기를 뿌리느냐가 아이의 자존감에 큰 영향을 미치는 것이다.

학교 교실에서 아이들은 이유 없이 우울하지 않다. 그리고 아무런 이유 없이 친구들에게 자주 화를 내지 않는다. 다 엄마 내면의 마음이 아이를 그렇게 만든 것이다. 엄마 내면이 지금 '화'로 가득 차있다면, 현재 아이 마음에 '화'가 없다는 것이 오히려 이상한 것이다. 아이가 가정이 아닌 바깥에서 하는 모습, 행동은 모두 엄마 내면의 영향을 받는다. 그렇기 때문에 엄마인 나는 반드시 현재 나의 내면이 어떤 상태인지 확인해야 한다. 현재 내 감정이 어떤 감정인지 알아야 하는 것이다. 우울한 감정으로 가득 찼는지, 행복한 감정으로 가득 찼는지 확인해야만 한다.

엄마 마음에 '행복'이 아닌 다른 감정들이 많다면, 그 감정을 행복으로 바꾸도록 노력해야 한다. 엄마인 내가 행복해야 아이가 행복하기 때문이다. 엄마가 행복한 감정을 느껴야 집안 공기가 '행복'으로 물들게 된다. 그 '행복'이 아이의 마음에 행복 바이러스를 불러일으키고, 행복 바이러스가 아이에게 긍정의 자존감을 주는 것이다.

엄마 스스로 주로 어떤 감정을 느끼는지 잘 모르겠는가? 그렇다면 매일매일 감정 일기를 쓰는 것이 도움이 된다. 내가 자주 느끼는 감정을 적는 것이다. 그리고 어떤 상황에서 어떤 감정이 느끼는지 적는 것도 도움이 된다. 이렇게 매일 감정 일기를 적으면, 엄마인 나는 주로 어떤 감정을 느끼고 있는지 금방 파악할 수 있다. 그리고 그 감정을 '행복'으로 바꾸려면 어떻게 해야 하는지 스스로 질문하고 답할 수 있게 도움을 준다. 엄마인 내가 행복해야 나를 바라보는 아이가 행복하다. 엄마인 내가 나를 사랑해야 아이를 사랑할 수 있다. 아이에게 긍정의 자존감을 심어주고 싶다면, 엄마 내면을 먼저 행복으로 채우는 것이 제일 중요하다.

엄마 스스로를 긍정의 시선으로 바라보자

행복으로 채우는 방법은 간단하다. 자기 스스로를 항상 긍정의 시선으로 들여다보면 된다. 거울을 볼 때마다 '나는 참 괜찮은 사람이야. 나는 괜찮은 엄마야.'라고 외치고 또 외쳐야 한다. 행복은 거창한 것을 해야만 채워지는 것이 아니다. 그저 나를 긍정의 시선으로, 사랑의 눈빛으로 바라보면 된다. 그리고 현재의 나를 있는 그대로 받아들이면 된다. 그렇게 되면 엄마 내면은 점점 행복으로 물들여질 것이다. 엄마의 내면이 행복으로 물들여지는 만큼 아이 마음 또한 행복으로 변할 것이다. 아이는 엄마의 거울이다. 그리고 그 거울은 바로 엄마의 내면이다. 그렇기 때문에 엄마 스스로 내면을 잘 들여다보지 않으면, 내 거울에 어떤 얼룩이 있는지 확인할 수 없다. 엄마인 나에게 보이지 않는 그 얼룩이 아이의 눈에는 엄마의 말, 행동을 통해 보인다. 그래서 그 얼룩처럼 행동하고, 그 얼룩과 같은 삶을 바라보며 사는 것이다.

지금 아이의 표정을 바라보자. 어떤 표정을 짓고 있는가? 아이가 자주 웃는다면, 내 내면의 거울은 행복으로 가득 찬 것이다. 그렇다면 그 거울에 얼룩이 묻지 않게 잘 관리해주면 된다. 엄마가 잘 관리를 하면, 아이는 매일 웃을 것이다. 그리고 그 웃음이 아이의 자존감을 향상시켜줄 것이다.

만일에 아이가 매일 울적하거나 찡그린 표정을 짓는다면, 엄마 내면의 거울에 많은 얼룩이 묻어 있는 상태다. 그렇기 때문에 하루 빨리 그 얼룩을 없애야만 한다. 엄마 스스로를 긍정의 눈빛으로 바라보고, 엄마인 나를 사랑으로 받아주면 된다. 그리고 하루에도 수십 번씩 나를 응원하면 된다. 나를 사랑하고 나를 인정하는 만큼 엄마 거울의 얼룩은 조금씩 사라질 것이다.

얼룩이 사라지는 만큼 미소가 없던 엄마의 얼굴에 미소가 생길 것이다. 그 작은 변화가 아이 표정을 조금씩 변하게 해줄 것이다. 하루에 10번 화를 내던 아이가 9번만 화낼 수 있을 것이다. 그리고 그 9번이 8번으로 줄어들 수도 있을 것이다. 그리고 그 빈자리에 '웃음'이라는 표정이 들어가게 된다. '웃음'이 생기는 만큼 아이의 마음에는 자존감이 생긴다. 그리고 그 자존감이 아이를 행복하게 만들어주는 것이다.

만일에 엄마 내면의 거울 얼룩을 스스로 해결하기 힘들다면, 심리 치료를 병행하는 것도 큰 도움이 된다. 내가 초등학교 3학년 담임을 맡았을 때, 매일 우울하게 자기 자리에 앉아 있는 학생이 있었다. 쉬는 시간, 그 아이는 친구들과 어울리지 않았다. 수업 시간에도 멍하니 딴생각만 했다. 그 아이의 일기장은 항상 울적한 내용으로 가득 찼다. 10살 밖에 안 된 아이가 너무 많은 생각을 하고 있는 것 같아서 나는 무척 안타까웠다.

내 소원은 하루에 단 한 번이라도 그 아이의 웃는 표정을 보는 것이었다. 그래서 그 아이의 엄마와 자주 상담을 했다. 상담을 한 결과, 아이 엄마 내면에 많은 우울감이 있다는 것을 알 수 있었다. 그리고 그 우울감이 그 아이를 전염시켰다는 사실을 알게 됐다. 엄마의 우울감은 엄마 스스로 해낼 수 없을 만큼 커져 있었다. 아이의 엄마가 우울감을 이겨내지 못하면, 나는 내 소원을 이루지 못할 것이라는 확신이 들었다.

나는 무료 부모 심리 치료를 알아봤다. 그리고 그 아이 엄마에게 심리 치료를 다닐 것을 부탁했다. 그 후로 아이 엄마에게 심리 치료를 잘 다니고 있는지 물어보지 않았지만 엄마는 나와의 약속을 잘 지키고 있었다. 심리 치료를 열심히 받고 있었다. 약속을 잘 지키고 있다는 것은 아이의 표정을 보고 알 수 있었다. 단 한 번도 웃지 않았던 아이가, 어느 날 등교를 하며 나를 보고 웃었다. "선생님, 안녕하세요."라는 말과 함께 말이다. 엄마의 얼룩이 지워지는 만큼, 그 아이는 학교에서 '웃음'을 통해 엄마 내면의 변화를 알려줬다. 그리고 그 변화가 아이에게 '행복'을 느끼게 해준 것이다.

　엄마인 내가 자기 마음을 잘 알아차리는 것은 매우 중요하다. 나를 위해서, 그리고 사랑하는 아이를 위해서 반드시 알아야 한다. 엄마 내면의 감정을 잘 알아차리고 그것을 '행복'으로 물들기 위해서 많은 노력을 해야 한다. 엄마 스스로를 사랑하고, 특별한 존재로 여기자. 엄마 스스로가 자신을 특별하게 대우할수록, 내 아이 또한 특별한 아이로 성장하게 된다. 아이는 엄마 내면의 거울이라는 것을 잊지 말자.

- 5 -

우리 아이의 말을 친구들이 무시한대요.
속상해요. 어떻게 해야 할까요?

먼저 아이가 말하는 '무시'가 구체적으로 어떤 무시인지 물어봐야 합니다. 예를 들어, 아이가 가방 정리하는 친구를 보고 "야, 가방 정리는 교과서를 먼저 넣고 그다음에 필통을 넣는 거야!"처럼 자신의 말이 무조건 맞다고 말하는 경우가 있습니다. 이 말을 들은 친구는 그 친구의 그런 말을 무시하게 됩니다. 이 경우에는 엄마가 아이의 신념을 고쳐야 합니다. 즉 '나는 맞고 너는 틀리다.'는 식의 생각을 고쳐줘야 합니다. 어떤 문제를 해결할 때, 한 가지 방법이 아닌 다양한 방법이 있다는 것을 알려줘야 합니다. 만일 그 경우가 아니라면, 엄마가 먼저 아이에게 솔직한 마음을 표현하는 방법을 알려줘야 합니다. 아이의 말이 제대로 전달되지 않을 경우 아이는 친구에게 무시당하는 느낌을 받게 됩니다. 그래서 이 경우에는, 다양한 상황에서 느끼는 엄마의 기분을 아이에게 자주 알려줘야 합니다. 그리고 아이 또한 엄마에게 그렇게 말할 수 있게 도와줘야 합니다. 이 과정을 반복하다 보면 아이는 다양한 상황에서 느끼는 자신의 마음을 친구에게 제대로 잘 전달할 것입니다.

지금 내 아이에게
필요한 것은 무엇일까?

아이가 막 태어나면 엄마는 '눈치 슈퍼우먼'이 된다

눈에 넣어도 아프지 않을 내 아이가 태어났다. 세상에서 하나뿐인 내 아이다. 아이는 모든 의사 표현을 '울음'으로 표현한다. 엄마인 나는 그 울음을 듣고 아이에게 필요한 게 무엇인지 생각한다. 아이의 울음이 배 고픈 울음인지 생각한다. 혹은 잠이 와서 우는 울음인지 파악한다. 그것 도 아니면 어딘가 불편해서 우는 울음인지 고민한다.

아이의 울음은 엄마로 하여금 지금 아이가 무엇이 필요한지를 고민하 게 만든다. 그리고 엄마는 아이의 필요함을 빨리 충족시켜주기 위해 노 력한다. 모든 감각을 동원해서 아이가 무엇을 필요로 하는지 알아내기 위해 최선을 다한다. 최선의 노력으로 아이 '울음'의 의미를 파악했다면 엄마는 기쁘다. 아이가 필요한 것을 충족해준 만족감에 행복하다. 세상에서 제일 행복한 표정으로 아이를 바라본다.

그렇게 '울음'밖에 외치지 못했던 아이가 어느덧 성장한다. 아이가 성장하는 만큼 '울음'이 아닌 단어, 문장으로 자신의 필요함을 말하게 된다. 그리고 어느덧 초등학생이 된다. 아이는 이제 완벽한 의사소통으로 엄마인 나에게 필요한 것을 말하게 된다. 아이의 말이 유창한 만큼, 엄마의 감각은 조금씩 무뎌진다. 이제는 모든 감각을 동원해 아이가 필요한 것을 알아낼 필요가 없기 때문이다. 엄마는 그렇게 점점 아이가 엄마에게 내뱉는 말에만 의지하게 되고, 그만큼 아이가 진정으로 무엇을 원하는지 점점 생각하지 않게 된다.

아이가 막 태어나면 엄마는 '눈치 슈퍼우먼'이 된다. 그리고 아이의 모든 감정을 재빠르게 읽는다. 엄마의 재빠른 눈치로 아이가 무엇을 필요로 하는지 생각한다. 그리고 바로바로 아이가 필요로 하는 것을 충족시켜준다. 엄마는 오직 아이의 '울음'을 듣고 눈치 있게 해결해주는 것이다. 엄마의 그런 모습을 보고 주위 사람들은 대단하다고 한다. 하지만 그렇게 대단했던 엄마가 아이가 말하기 시작하면서 달라진다. '눈치 슈퍼우먼'이었던 엄마가 '슈퍼우먼'으로 변하더니, 아이가 초등학생이 되면 그냥

'엄마'가 된다. 눈치 없는 엄마로 변하는 것이다. 아이가 초등학생이 되면 말을 유창하게 한다. 그래서 아이는 필요한 것을 엄마에게 '언어'라는 의사소통으로 해결할 수 있다. 그렇기 때문에 엄마는 점점 아이의 말에 의존하게 된다. 그리고 아이가 엄마에게 말하는 것이 곧 아이가 필요한 것이라고 생각하게 된다. 아이의 말에 의존할수록, 엄마는 모든 감각을 동원할 필요가 없게 된다. 그래서 눈치 있던 엄마가 눈치 없는 엄마로 변하는 것이다.

엄마는 지금 아이에게 필요한 것을 단지 아이의 '말'에만 의존해서는 안 된다. 초등학생 아이를 위해 여전히 '눈치 슈퍼우먼'이 돼야만 한다. 우리가 진짜 속마음을 남에게 말하지 못 하듯이, 내 아이 또한 그럴 수 있다. 진짜로 필요한 게 있지만, 그걸 '말'을 통해 내뱉지 못하는 것이다.

아이에게 지금 필요한 것을 알려면 엄마는 어떻게 해야 할까? 방법은 간단하다. 엄마가 아이를 꾸준히 관찰하는 것이다. 아이의 행동을 보면 아이가 무엇을 원하는지 파악할 수 있다. 아이를 꾸준히 관찰하면 나에게 무엇을 말하고 싶은지 파악할 수 있다. 그 파악에 필요한 것이 바로 엄마의 눈치다. 엄마의 눈치로 아이가 원하는 것을 파악하고 눈치 있게 아이에게 말하고 행동해야 하는 것이다.

아이가 엄마에게 직접 필요한 것을 말하지 않았는데, 엄마가 눈치 있게 말하면 아이는 진심으로 기쁘다. 그 기쁨은 엄마가 나를 사랑하고 있다는 행복감이 된다. 이 아이는 엄마에게 필요한 것을 직접 말하지 않았다. 하지만 엄마가 먼저 눈치 있게 아이가 무엇을 필요로 하는지 알아챘다. 그리고 아이에게 다가가 말한다. 아이에게 세상에서 제일 소중한 존재는 엄마다. 그런 엄마가 먼저 다가와 필요한 것을 표현해준다면 아이는 얼마나 기쁘겠는가? 그렇기 때문에 엄마는 항상 눈치 최고인 엄마로 아이를 관찰해야 한다.

아이와의 대화는 매우 중요하다

초등학교 4학년 담임을 맡았을 때의 일이다. 항상 머리부터 발끝까지 엄마의 손길이 느껴지는 여학생이 있었다. 매일매일 머리 스타일이 달랐고 매일 예쁜 옷을 입었다. 그 아이의 가방, 필기도구 등 모든 것이 다 고급이었다. 늘 그 아이를 바라볼 때마다 '엄마가 정말 신경을 많이 쓰는구나.' 하는 생각이 들었다.

나는 당시 아침에 일찍 출근했다. 그리고 이 여학생 또한 아침에 일찍 왔다. 아침에 일찍 오는 나와 이야기를 하고 싶어서 항상 일찍 등교했던 것이다. 내가 교실 문을 열기가 무섭게 그 여학생은 바로 등교했다. 그리고 교실에 와서 가방을 내려놓자마자 나에게 말을 걸었다.

"선생님, 저 어제 논술 방과 후 하는 날이었어요. 어제 글쓰기 한 거 칭찬받았어요."

"와, 정말? 좋았겠네. 뭘 잘했다고 칭찬받은 거야?"

"선생님이 글씨 잘 썼대요."

"우리 이슬이는 항상 글씨 잘 쓰잖아! 엄마한테도 말씀드렸어?"

"아니요."

"왜? 엄마가 들으면 기뻐하실 것 같은데."

"엄마는 항상 바빠요. 어제도 늦게 들어오셨어요."

이슬이는 아침에 오면 전날 있었던 일을 나에게 브리핑하듯이 말했다. 시간 순서대로 말이다. 그리고 자신의 이야기를 들어주기를 원했다. 내가 이야기를 듣는 것만으로도 이슬이는 행복해 보였다. 그리고 행복한 만큼 슬퍼 보였다. 아마 이슬이가 이 이야기를 들려주고 싶은 대상은 따로 있기 때문일 것이다. 그 대상은 분명 이슬이의 엄마일 것이다. 이슬이는 머리부터 발끝까지 엄마의 손길이 닿았다. 하지만 이슬이는 항상 마음이 허해 보였다. 아마도 이슬이는 이런 손길이 아닌 엄마와의 긴 대화를 원했을 것이다. 그런 이슬이의 마음을 이슬이 엄마는 눈치 채지 못했을 것이다. 그리고 자신이 바쁜 만큼 물질로서 엄마의 사랑을 표현했을 것이다.

물론 이런 이슬이 엄마의 행동이 잘못된 것은 아니다. 왜냐하면 이슬이 엄마는 아이에 대한 사랑을 분명 표현했기 때문이다. 하지만, 이슬이 엄마에게 부족한 것이 있다면 그것은 바로 눈치다. 눈치 있게 이슬이를 바라봤다면, 이슬이가 무엇을 원하는지 알 수 있었을 것이다. 이슬이가 엄마와의 대화를 원한다는 것을 알 수 있었을 것이다. 하지만 바쁘다는 핑계로, 일이 많다는 핑계로 이슬이를 관찰하지 않았을 것이다. 그리고 대화를 못한 만큼 이슬이에게 물질적인 것으로 보상을 했을 것이다. 그리고 아이에게 사랑을 표현하고 있다며 엄마 스스로를 위로했을 것이다. 엄마에게는 사랑이었지만 이슬이에게는 가짜 사랑이었을 것이다. 엄마가 물질 보상을 주면 줄수록 아이의 마음은 더 외로웠을 것이다. 아이가 진짜 원했던 것은 물질 보상이 아니었기 때문이다.

이슬이가 정말로 원했던 것은 엄마와의 대화였다. 아이는 엄마와 10분이라도 대화하는 것을 원했을 것이다. 단지 시간 채우기 식의 대화가 아닌 서로의 눈빛을 쳐다보며 대화하는 그 10분을 원했던 것이다. 서로의 눈빛을 쳐다보는 10분은 이슬이에게는 분명 존중의 시간이 됐을 것이고 10분 동안 아이를 향한 엄마의 따뜻한 눈빛이 아이에게는 사랑이며, 그 사랑이 이슬이의 자존감을 향상시켰을 것이다.

지금 이 글을 읽고 있는 엄마인 나는 아이가 진짜로 필요로 하는 것을 구체적으로 말할 수 있는가? 아이의 속마음까지 속속들이 들여다볼 정도로 말이다. 만일 대답하지 못한다면 나는 눈치 없는 엄마다. 그렇기 때문에 아이가 태어났던 내 모습으로 돌아가야 한다. 다시 모든 감각을 동원해서 아이가 진정으로 무엇을 원하는지 파악해야 한다. 엄마인 내가 아이가 필요한 것을 빨리 알아챌수록 아이의 마음은 사랑으로 가득찰 것이다. 그리고 그 사랑이 곧 아이의 자존감을 향상시킬 것이다.

04

엄마의 기대가 높을수록
아이의 자존감이 무너진다

엄마의 기대치가 높을수록 아이와의 사이는 멀어진다

"어머, 유진이는 벌써 걸어요? 우리 아이는 아직도 기어 다니는데."

"세상에나. 도우는 벌써 단어를 말해요? 우리 아이는 아직 한 마디도 못하는데."

아이를 둔 엄마라면 공감하는 대화일 것이다. 어린 자녀를 둔 엄마는 항상 다른 자식과 내 아이를 비교한다. 내 아이가 기어 다니고 있다면, 걸어 다니고 있는 아이를 부러워한다. 그리고 '왜 우리 아이는 아직도 걷지 않지?' 하면서 걱정한다. 또한 비슷한 또래 아이가 말을 유창하게 하면 엄마는 속으로 걱정한다. '저 애는 저렇게 말을 잘하는데, 우리 아이는 왜 말을 못할까? 무슨 문제 있는 거 아니야?'면서 말이다. 분명 내 아이는 발달 단계에 맞게 잘 크고 있다. 문제가 있다면 엄마의 높은 기대다. 아이를 향한 높은 기대는 아이의 자존감에 치명타다. 이제 막 태어난 아이에게 자꾸 걸으라고 강요하는 것과 같은 꼴이다.

네이버 지식인에는 '엄마의 높은 기대 때문에 너무 힘이 들어요.'라는 질문이 무척 많다. 그리고 그 댓글을 다는 사람들도 비슷한 경험을 한 사람들이다. 비슷한 연령대의 댓글은 그 질문자의 마음에 함께 공감을 해준다. 성인이 된 사람은 엄마와의 인연을 끊었다는 댓글을 남긴다. 그 댓글을 단 사람은 자신이 살아온 인생 스토리를 구체적으로 적었다. 그는 엄마의 높은 기대에 부응하기 위해 계속해서 재수를 했다고 한다. 당사자인 아이가 아닌 엄마가 원하는 대학교가 따로 있었기 때문이다. 치열한 공부 덕에 그는 높은 수능 점수를 받고, 엄마가 그토록 원하던 사범대학교에 갔다고 한다.

그는 또다시 엄마의 기대에 부응하기 위해 열심히 임용 고시를 준비했다. 하지만 계속해서 임용 고시를 떨어졌다. 결국 엄마는 그 사람을 향한 비난을 퍼부었다. 이미 어렸을 때부터, 그 사람의 자존감은 많이 떨어졌을 것이다. 바로 엄마의 높은 기대 때문이다. 그 높은 기대 덕분에 사범 대학교까지 갔지만, 그 높은 기대 때문에 엄마와의 인연을 끊게 된 것이다. 엄마와의 인연을 끊었다는 말은 정말 충격적이다. 엄마의 높은 기대가 그 사람에게 얼마나 부담이었을까? 그 부담이 얼마나 견디기 힘들었으면 엄마와의 인연을 끊어버렸을까? 만일 지금 내 아이가 초등학생이라면, 나 역시 아이에게 높은 기대를 하고 있는지 돌아봐야 한다. 지금 내가 우리 아이를 다른 아이와 끝없이 비교하고 있는지 생각해야 한다. 그리고 자꾸만 아이가 더 많은 것을 해내기를 원하고 있는지 생각해야 한다.

내가 그런 말과 행동을 하고 있다면 아이는 어떻게 변할까? 내 아이의 자존감은 점점 무너져 내릴 것이다. 그리고 성인이 된 후, 그 댓글을 단 사람처럼 똑같은 댓글을 남기고 있을 것이다. 엄마는 절대로 아이에 대한 기대치가 높으면 안 된다. 기대치가 높다는 것은 엄마의 의도대로 아이를 몰고 가는 것이다. 이는 마치 이제 막 알에서 깨기 시작한 병아리에게 빨리 알을 낳으라고 부추기는 격이다. 병아리가 알을 낳으려면 어른 닭이 되는 과정을 거쳐야 한다. 털갈이를 해야 하고, 멋진 닭 볏도 만들어야 한다. 병아리는 성인 닭이 돼서 알을 낳기 전까지 해야 할 과업이 있는 것이다.

아이 또한 마찬가지다. 지금 아이가 막 알에서 태어난 병아리라면 그 수준에서 해낼 수 있는 것만 기대해야 한다. 그 이상의 것을 기대하면 안 된다. 설령 다른 아이들의 수준이 이미 알을 낳고 있을지언정, 엄마인 나는 내 아이의 수준만 바라봐야 하는 것이다.

현재 아이의 수준에 맞는 기대를 하라

이 세상은 아이에게 큰 모험이다. 그 모험이 가슴이 두근거리는 모험일 수 있다. 또는 무섭고 위험한 모험처럼 느낄 수도 있다. 아이가 바라보는 세상이 어떤 모험인지는 오직 엄마에게 달려 있다. 바로 엄마가 아이에게 바라는 기대치다. 엄마가 아이에 대한 기대치를 낮출수록, 아이는 이 세상을 가슴 두근거리는 모험으로 바라볼 것이다. 그리고 그 가슴 두근거림은 아이의 마음에 호기심을 만들 것이다. 그 호기심은 모든 것을 긍정으로 바라보게 만들 것이다. 그 긍정의 마음은 아이의 마음에 행복을 불러일으킨다. 결국 그 행복이 아이의 자존감을 향상시켜주는 것이다.

반대로 엄마가 아이에게 높은 기대를 하고 있다면 아이의 모험은 어떻게 변할까? 아마 무섭고 위험하게 느낄 것이다. 무섭고 위험하게 느끼는 만큼 아이는 위축될 것이다. 그리고 위축될수록 아이는 소심하게 변할 것이다. 그 소심함은 아이에게 호기심을 불러일으키지 않는다. 호기심 없는 아이의 마음은 병들 것이다. 그리고 아이를 향한 엄마의 기대에 더욱 힘이 들 것이다. 이는 결국 아이를 불행의 길로 인도한다. 불행한 삶이라고 느씨는 순간, 아이의 자존감은 무너질 것이다.

이 세상에서 가장 소중한 존재는 두말할 나위 없이 내 아이다. 엄마인 나는 아이가 이 세상을 가슴 두근거리게 만들어야 한다. 엄마는 반드시 그렇게 해야 한다. 그 가슴 두근거림이 아이의 자존감을 향상시키기 때문이다. 그렇기 때문에 엄마는 아이의 현재 수준을 파악해야 한다. 그리고 그 수준에 맞는 기대를 해야 한다. 그 이상 그 이하도 아니다.

아이의 현재 수준을 파악하는 방법은 간단하다. 현재 아이의 관심사를 함께 알면 된다. 그리고 아이가 무엇을 좋아하는지 파악하면 된다. 지금 아이가 과학책을 좋아한다면, 어떤 종류의 과학책을 좋아하는지 대화하면 된다. 그리고 하루에 몇 권의 과학책을 읽는지 파악하면 된다. 만일 하루에 2권 읽는다면, 엄마의 기대치는 하루 2권이다. 현재 아이의 수준으로 기대치를 잡는 것이다. 그래서 아이가 2권을 읽었다면 그것을 인정하고 칭찬해야 한다. 3권을 읽었다면 어떻게 해서 1권을 더 읽게 됐는지 그 과정도 칭찬해야 한다. 그리고 1권을 더 읽었다는 결과에 대해서도 칭찬을 해야 한다.

이렇게 엄마의 기대는 현재 아이의 수준과 같아야 한다. 엄마의 기대가 아이의 수준과 같다면 아이는 존중받는 느낌이 든다. 엄마가 나를 있는 그대로 사랑하는 느낌을 받는다. 그래서 아이는 스스로 성장하고 싶다는 생각을 한다. 그 마음이 아이를 성장시킨다. 그래서 2권만 책을 읽었던 아이가 스스로 3권을 읽는 아이로 변하는 것이다. 이처럼 아이의 성장은 아이 스스로 만드는 것이다. 결코 엄마의 높은 기대가 아이를 성장시키지 않는다. 아이가 성장할 수 있는 힘은 자존감이다. 그 자존감이 향상될수록 아이는 스스로 성장하는 것이다.

엄마의 높은 기대를 받는 아이는 스스로 성장할 수 있는 힘을 만들지 못한다. 오히려 지금의 수준에 못 미치게 성장한다. 그래서 2권을 읽었던 아이가 1권만 읽는 아이로 변한다. 1권만 읽었던 아이는 결국 책을 읽지 않는 아이로 변하는 것이다.

지금 아이가 엄마의 기대치에 못 미친다면, 엄마가 기대치를 낮춰야 한다. 그래야 엄마가 기대하는 만큼 아이가 성장한다. 그 성장의 힘은 엄마가 만들지 못한다. 오직 아이의 자존감이 성장을 불러일으킨다. 그러므로 엄마의 기대치를 현재 아이의 수준에 맞게 낮춰야한다. 그래야 내 아이 스스로 성장할 수 있는 것이다.

아이가 태어난 날을 기억하라. 그리고 그때의 그 희열과 감동을 다시 생각하라. 태어난 것만으로도 감사했던 내 아이였음을. 아이는 나를 통해 태어났지만 나를 통해 성장하지 않는다. 아이의 자존감이 내 아이를 성장시킨다. 그렇기 때문에 엄마는 그 역할을 아이의 자존감에 맡겨야 한다. 아이의 자존감은 결코 엄마의 높은 기대로 향상되지 않는다. 그러므로 아이를 잘 성장시키고 싶다면 엄마의 기대치를 낮춰라. 그리고 현재 아이의 수준으로 아이를 기대하고 또 기대하라. 아이를 있는 그대로 기대할수록, 아이는 내가 기대하는 것 이상으로 크게 성장할 것이다.

- 6 -

아이가 집에서 책을 전혀 안 읽어요.
어떻게 해야 할까요?

대부분의 엄마는 아이가 책을 잘 읽기를 원합니다. 그래서 초등학생 아이를 향해 "얼른 책 가지고 와. 그리고 책 읽어."라고 말합니다. 그렇게 말하면서 엄마는 TV를 보거나 핸드폰을 들여다봅니다. 엄마의 말과 행동이 일치하지 않다는 것을 아이도 알고 있습니다. 그래서 왜 책을 읽어야 하는지 그 목적을 알지 못합니다. 그리고 엄마의 그런 말이 잔소리처럼 들립니다. 책을 읽는 아이로 키우고 싶다면 간단합니다. 엄마가 먼저 모범을 보이면 됩니다. 아이에게 책을 읽으라고 말하기 전, 엄마가 직접 책을 읽으면 됩니다. 매일 그 행동을 반복하면 아이도 저절로 책을 읽습니다. 굳이 엄마가 책을 읽으라고 강요하지 않아도 아이 스스로 책을 읽게 됩니다. 아이가 책을 읽지 않아서 고민이라면 당장 오늘부터 엄마가 먼저 실천을 해야 합니다. 그리고 엄마가 책을 읽는 모습을 아이에게 자주 보여주면 됩니다. 엄마의 잔소리보다 엄마의 빠른 실천이 많은 도움이 됩니다.

05

아이를 있는 그대로
바라보고 인정하자

아이의 지금 모습을 인정하고 격려하자

1902년 시카고 서쪽의 오크 파크라는 곳에 태어난 한 아이가 있다. 그의 어머니는 피아노 레슨 선생님이었다. 어렸을 적부터, 그 아이는 책을 가까이하지 않았다. 또한 학업에 별다른 흥미가 없었다. 그래서 공부를 뛰어나게 잘하지 않았다. 하지만 그 아이의 유일한 특기이자 취미가 하나 있었다. 바로 몽상하기였다. 아이는 가만히 앉아서 이것저것 상상하는 것을 좋아했다. 아이가 상상의 나래를 펼칠 때마다 그 아이의 엄마는 말했다.

"예쁜 내 아기야. 오늘도 멋지게 공상을 하고 있구나. 하지만 이왕 하는 상상, 네가 직접 실천할 수 있는 것으로 하면 더 좋지 않을까? 엄마는 네가 상상의 나래를 현실에서 펼쳤으면 좋겠어."

엄마는 아이가 멍하게 앉아 있을 때마다 질책하지 않았다. 아이가 멍하게 앉아 있는 그 모습 자체를 바라보고 인정했다. 아이가 상상을 좋아한다는 것을 그대로 인정한 것이다. 또한 엄마는 아이가 즐기는 상상을 현실에서 실천할 수 있게 도와주고 싶었다. 그래서 아이가 멍하게 앉아 있을 때마다 어떤 상상을 하는지 물었다. 그리고 그 상상을 아이가 현실에서 실천할 수 있도록 도왔다. 엄마는 아이가 상상하는 것을 꾸짖지 않았다. 있는 그대로 바라보고, '공상가'라는 멋진 별명까지 지어줬다. 이처럼 엄마는 아이의 현재 모습을 있는 그대로 존중했다. 그리고 아이가 듣기 좋아하는 말인 '공상가'를 사랑스럽게 불렀다. 아이를 향한 엄마의 인정이 이 아이를 변하게 만들었다.

엄마의 말처럼 상상을 현실에서 펼치고 싶은 욕망이 생긴 것이다. 그 욕망이 아이를 긍정적으로 변화시켰다. 그 욕망이 커질수록 아이의 자존감은 향상됐다. 자존감이 향상될수록 이 아이는 머릿속 상상의 세계를 현실에 펼쳐 나갔다. 그 덕에 그는 현재 유명 인사가 됐다. 매출 26조원이 넘는 다국적 기업을 창시했다. 그가 바로 맥도날드 창업자 레이 크락이다.

레이 크락의 어머니는 어렸을 적 그의 모습을 있는 그대로 바라보고 존중했다. 만일 그의 어머니가 레이 크락을 있는 그대로 바라보지 않았다면 어떻게 됐을까? 아마 우리는 맥도날드에 가서 맛있는 햄버거를 먹지 못했을 것이다. 또한, '맥도날드'라는 이름도 생기지 않았을 것이다.

그의 어머니는 멍하게 앉아 있는 그를 단 한 번도 꾸짖지 않았다. 아이가 멍하게 앉아 있을 때마다 유심히 지켜봤다. 그리고 있는 그대로 아이를 바라봤다. 오히려 아이의 모습을 인정하고 격려했다. 아이가 더욱 상상을 할 수 있도록 배려해줬다. 그 배려 덕분에 아이의 마음에는 긍정의 자존감 씨앗이 뿌려졌다.

그 씨앗은 어머니가 아이를 있는 그대로 바라볼수록 더욱 쑥쑥 자랐다. 그의 마음에 긍정의 자존감이 자랄수록, 그 역시 상상을 현실에서 펼치고 싶었다. 그렇게 해서 우리는 지금 맛있는 햄버거를 먹을 수 있는 것이다. '맥도날드' 이름은 곧 그의 자존감이다. 그 자존감은 레이 크락의 어머니가 있는 그대로 아이를 바라봤기 때문에 얻은 것이다. 이처럼 아이의 모습을 있는 그대로 존중하는 것은 매우 중요하다. 특히 직장인 엄마는 더욱 그렇다. 직장에 다니는 엄마는 아이를 일찍 다른 사람의 품에 맡겨야 한다. 아이를 데리고 출근할 수 없기 때문이다. 그렇게 엄마와 일찍 떨어진 아이들은 다른 사람의 품에서 크게 된다. 이런 아이들 중 몇 명은 초등학생이 되면 유독 심성이 약하다. 마음이 더 여리다. 그래서 친구의 말 한 마디에도 금방 상처를 받는다. 그리고 시련이 닥치면 그 시련의 무게를 견디지 못한다. 그렇기 때문에 이 아이들은 반드시 긍정의 자존감을 가져야만 한다. 그래야만 스스로 성장할 수 있는 힘이 생기기 때문이다.

이렇게 일찍 다른 사람의 품에 맡겨진 아이들은 엄마가 더욱 신경 써서 아이를 있는 그대로 바라보면 된다. 그리고 현재 그 모습을 인정하고 존중하면 된다. 아이에게 큰 기대를 갖지 말고, 지금 모습 그대로 바라봐주면 되는 것이다. 아이가 멍하게 앉아 있는 순간도 지켜봐야 한다. 그리고 무슨 생각을 하는지 물어봐야 한다. 그 물음의 의미는 '엄마는 너의 모습을 있는 그대로 인정하고 존중하고 있어.'라는 의미와 같은 것이다. 그 의미는 초등학생 아이에게 매우 중요하다. 자신의 모습을 존중한다는 말은 자신을 사랑한다는 의미와 같다. 그 사랑은 아이의 인생에 가장 소중한 보물이 된다. 그리고 스스로 성장하고 싶은 마음이 생긴다. 그 마음은 자연스럽게 아이 마음에 긍정의 자존감이 싹트게 돕는다.

내 아이도 제2의 레이 크락이 될 수 있다

긍정의 자존감이 싹튼 아이는 제2의 레이 크락이 될 수 있다. 아이를 특별한 사람으로 만들기 위해 많은 것을 엄마가 해줄 필요는 없다. 그저 아이의 지금 모습을 인정하면 된다. 있는 그대로 바라보고 인정한다는 것은 엄마의 순수한 사랑과도 같다. 아이의 자존감은 엄마의 순수한 사랑만으로도 충분히 자랄 수 있는 것이다. 그렇기 때문에 현재 내 아이가 무엇을 하던지 가만히 지켜보는 것이 좋다. 아이에게 모든 걸 맡기고 엄마는 사랑을 주면 된다. 인정과 바라보기가 곧 엄마의 사랑이다. 아이가 실수해도 괜찮다. 그 과정에서 아이는 스스로 많은 것을 깨닫는다. 그 깨달음은 아이 인생의 발판이 되고, 그 발판을 밟고 아이는 한 단계 더 성장하는 것이다.

엄마가 아이를 있는 그대로 인정하지 않는다면, 아이가 스스로 무엇인가를 할 수 있는 힘이 생기지 않는다. 오직 그 힘은 엄마의 순수한 사랑으로 만들 수 있다. 그리고 그 순수한 사랑이 아이의 자존감을 키워주는 것이다. 그저 내 아이를 믿고 아이를 있는 그대로 바라보자.

'한책협'의 대표인 나는 과거 초등학생을 대상으로 독서 논술을 지도했다. 초등학교 2학년 독서 논술을 지도했을 때의 일이다. 남학생 한 명은 언어 발달 장애를 갖고 있었다. 친구들은 아이가 무슨 말을 하는지 이해하지 못했다. 나 또한 아이의 말을 이해하려면 많은 노력이 필요했다. 그 아이의 엄마와 상담을 할 때마다 엄마는 내게 말했다.

"선생님, 우리 진우는 지금 잘하고 있어요. 엄마인 저는 우리 아이가 무슨 말을 하는지 다 알아들을 수 있어요. 진우는 스스로 잘 이겨낼 거예요."

엄마는 진우를 있는 그대로 바라봤다. 그리고 아이가 말을 어눌하게 해도 단 한 번도 아이 탓을 하지 않았다. 그렇기 때문에 진우는 언어 발달 장애를 콤플렉스로 생각하지 않았다. 친구들과 당당하게 말하고, 친구들과 잘 어울렸다. 독서 논술 시간에도 적극적으로 발표했다.

아이의 이런 당당함은 엄마가 아이를 있는 그대로 바라봤기 때문에 생긴 것이다. 엄마의 순수한 사랑이 진우의 자존감을 싹트게 도와준 것이다. 만일 진우의 엄마가 진우를 다그쳤다면, 진우는 학교생활을 제대로 못했을 것이다. '언어 장애'라는 콤플렉스를 갖고 친구들과 어울리지 못했을 것이다. 그리고 독서 논술 시간에 손을 들고 발표도 하지 못했을 것이다.

진우를 향한 진우 엄마의 순수한 사랑은 진우의 발음이 조금씩 좋아지게 도와줬다. 그래서 1년이 지난 뒤, 나는 진우에게 '선생님'이라는 정확한 발음을 들을 수 있었다.

레이 크락은 맥도날드의 창시자가 됐다. 그리고 진우는 정확한 발음을 할 수 있게 됐다. 이 둘의 공통점은 무엇일까? 바로 아이를 향한 엄마의 순수한 사랑이다. 그 순수한 사랑은 아이를 있는 그대로 바라볼 때 생긴다. 아이를 있는 그대로 인정할 때 생기는 것이다. 아이의 자존감을 형성하는 일은 어려운 일이 아니다. 엄마의 순수한 사랑만 보여주면 되는 것이다. 엄마가 아이를 있는 그대로 존중한다는 것을 아이가 느끼게 해줘라. 그 순수한 사랑을 느낀 아이들은 반드시 특별한 성인으로 자랄 것이다.

06

아이를 엄마의
소유물로 여기지 말자

엄마 스스로 아이의 청사진을 그리지 말자

"선생님, 우리 집안은 의사 집안이니까 애도 당연히 의사 시켜야지요."

"선생님, 요즘에는 공무원이 짱이잖아요. 그만큼 안정적인 직업이 어디 있어요. 저도 우리 애 공무원 시키려고 해요."

학부모 상담을 하다 보면 아이의 미래를 이미 결정해놓은 엄마들이 있다. 그리고 마치 내 자식이 그 인생을 바라보며 사는 것처럼 이야기한다. 이제 겨우 초등학생인 아이들인데, 엄마는 이미 아이의 인생 청사진을 그려놓은 것이다. 그리고 그 청사진만을 바라보며, 아이가 그 길을 달려가길 원한다. 그 길에서 조금이라도 벗어난 순간, 엄마는 아이를 인정하

지 못한다. 다시 원래의 길로 돌려놓으려고 애쓴다. 엄마의 그러한 수고
가 생기는 순간 아이는 엄마의 소유물이 되는 것이다.

엄마들은 자신의 청사진대로 아이가 자라기를 원한다. 그리고 오직 그
한 길만 바라보며 살기를 원한다. 아이가 다른 길로 방향을 바꾸려고 하
면 용납하지 못한다. 아이를 다그치고 책망한다. 그리고 다시 본인의 청
사진대로 걸어가기를 원한다. 이것은 과연 아이의 인생일까? 아니면 엄
마의 인생일까?

아이는 엄마의 몸 안에 들어온 축복이다. 작은 우주로부터 선물 받은
새로운 영혼이다. 그 영혼은 엄마에게는 엄마의 미래이자 희망이다. 그
렇기 때문에 엄마는 그 영혼을 자신의 소유물처럼 생각한다. 내 배 아파
낳은 자식이라는 이유로 말이다. 하지만 이 생각은 철저히 잘못된 생각
이다. 비록 내 배 아파 낳은 자식이지만, 그 아이 또한 영혼이다. 우주로
부터 내려온 한 영혼인 것이다. 그 아이는 엄마의 사랑을 받지만, 동시에
우주의 사랑도 받는다. 엄마 역시 그 엄마의 엄마 몸을 빌려 태어났다.
하지만 그렇다고 해서 엄마가 그 엄마의 소유물은 아니다. 엄마도 이 세
상의 사랑을 받기 위해 엄마의 엄마 몸을 빌려 태어난 것이다. 즉, 우리
모두 이 세상에 사랑받기 위해 태어난 존재다. 내 아이 역시 마찬가지다.
내 몸을 빌려 태어났지만 아이만의 인생이 존재한다. 그리고 내 아이만

이 유일하게 인생의 청사진을 그릴 수 있다. 엄마가 대신 그려줄 수 없는 것이다. 엄마는 엄마의 청사진을 그리며 그 인생을 바라보고 살아야 한다.

내가 이루지 못했던 꿈을 아이를 통해 대신 이루겠다는 생각은 어리석은 것이다. 그 꿈은 내 아이의 청사진에 그려진 꿈이 아니다. 엄마 청사진에 그려졌던 꿈이다. 그렇기 때문에 그 꿈을 이루지 못했다면, 엄마의 꿈을 이루지 못한 것일 뿐 아이가 대신 그 꿈을 이룰 의무와 권한은 없는 것이다.

엄마가 못 이룬 꿈은 그저 포기하고 다른 꿈을 향해 나가면 된다. 엄마와 인연이 없던 꿈이라고 생각하고 또 다른 꿈을 만들면 된다. 그리고 그 꿈을 향해 나가면 된다. 내가 이루지 못했다고 해서 그 꿈을 아이에게 강요해서는 안 되는 것이다.

초등학교 6학년 담임을 맡았을 때의 일이다. 담임인 나보다 훨씬 바쁜 건우라는 아이가 있었다. 건우는 쉬는 시간마다 학원 문제집을 풀었다. 친구들과 어울리지 못했다. 건우의 얼굴은 항상 화로 가득했다. 건우의 얼굴은 마치 휴화산 같았다. 누군가가 그 화를 건들면 바로 폭발할 것만 같았다.

5월, 우리는 현장 체험 학습을 갔다. 건우는 현장 체험 학습을 갔어도 친구들과 어울리지 못했다. 잔디밭에 앉아서 종일 학원 문제집만 풀고 있었다. 나는 건우에게 다가가 물었다.

"건우야, 오늘은 소풍 왔으니까 친구들이랑 놀아. 문제집만 풀면 답답하지 않아?"

"안 돼요. 선생님. 오늘 학원 논술, 국어, 수학, 영어 4군데 가야 해서 문제집 다 풀어야 해요. 엄마가 이따 데리러 오면 확인할 거예요."

"무슨 학원을 그렇게나 많이 다녀? 집에 가면 몇 시야?"

"10시에서 11시 사이요. 엄마가 학원 다니라고 하니까 다녀야지요."

"선생님이 잠잘 시간에 너는 집에 들어가? 대단하네. 안 힘들어?"

"당연히 힘들지요. 왜 안 힘들겠어요."

"그럼 엄마한테 학원 그만두고 싶다고 말해봐."

"······"

엄마가 아이를 소유물로 여기지 않는 순간, 아이의 자존감은 자란다

건우는 말을 잇지 못했다. 나는 그 의미를 알 수 있을 것 같았다. 아마 건우는 몇 번이나 엄마에게 학원에 다니기 싫다고 말했을 것이다. 하지만 그럴 때마다 건우는 매몰차게 거부당했을 것이다. 그리고 그런 거부가 건우를 점점 더 옥죄었을 것이다.

실제로 건우 엄마는 건우가 의사가 되기를 바랐다. 학부모 상담을 할 때면 항상 건우의 미래에 대해 말씀하셨다. 그리고 의사가 되려면 지금부터 준비할 것이 많다고 했다. 건우는 어렸을 적, 엄마의 청사진대로 잘 따랐다. 하지만 문제는 초등학교 6학년 2학기부터였다. 건우는 사춘기가 왔다. 그리고 자신을 알아가는 시기가 왔다.

그때부터 건우의 휴화산은 활화산이 됐다. 툭 하면 물건을 던지고 친구들에게 심한 말을 해댔다. 그리고 교과서, 문제집을 찢는 날도 많았다. 건우의 엄마 역시 건우의 부정적인 변화를 알고 있었다. 나는 어머니께 건우에게 휴식을 주라고 권유했다. 건우가 마음을 다스릴 수 있는 시간을 달라고 부탁드렸다. 엄마의 청사진을 아이에게 그만 제시하라고 간곡히 말씀드렸다.

그 뒤로 건우는 다니고 있는 학원을 전부 그만뒀다. 심리 치료 결과, 아이 마음이 아프다는 것을 건우 엄마가 깨닫게 된 것이다. 건우가 학원을 그만두니, 건우 역시 쉬는 시간이 생겼다. 예전에 문제집을 풀어대던 쉬는 시간이 아니었다. 정말로 건우에게 주어진 쉬는 시간이었다. 화로 가득했던 얼굴에서 점점 웃음이 생겨났다. 그리고 친구들과 점점 잘 어울리는 아이로 변해갔다.

건우가 엄마의 소유물일 때는 교실에서 아이의 장점을 발견하지 못했다. 늘 아이는 문제집을 푸느라 바빴기 때문이다. 하지만 이제는 엄마의 아이가 아닌 건우 그대로의 모습이 보였다. 건우는 체육에 남다른 소질을 보였다. 농구, 축구 등 못하는 것이 없었다. 친구들 또한 건우의 그런 모습을 보고 많이 놀랐다.

엄마가 아이를 소유물로 여기지 않는 순간 건우는 몰라보게 달라졌다. 긍정적으로 변했다. 그리고 자신이 어떤 사람인지 생각하게 됐다. 자신이 좋아하는 것이 무엇인지, 자신의 관심사가 무엇인지 생각하게 됐다. 건우는 늦게나마 자신이 농구를 좋아한다는 것을 알게 됐다. 그리고 그 덕분에 자신의 청사진에 '농구'라는 것을 그릴 수 있었다. 그 후, 그 꿈을 향해 달려가는 아이로 변했다. 건우는 그렇게 늦게나마 자존감의 씨앗을 뿌릴 수 있었던 것이다.

엄마들은 흔히 자신의 청사진을 아이에게 보여주며 이렇게 말한다. "이게 다 너를 위한 거야." 하지만 그 말을 듣고 있는 아이는 어떤 마음이 들까? 정말로 자기를 위한 것처럼 느껴질까? 아이의 마음에는 "이게 다 엄마를 위한 거야."라는 말로 들릴 것이다. 아이를 엄마의 소유물로 여기는 순간 가장 힘든 사람은 아이다. 그리고 그 힘듦은 고스란히 아이가 감당할 몫이다.

아이가 이 세상에 태어난 이유는 아이의 인생을 살기 위해서다. 그리고 자신만의 청사진을 그리기 위해서다. 물론 아이는 엄마의 몸을 빌려 태어났다. 하지만 그 이유 하나만으로 엄마가 아이의 청사진을 대신 그려서는 절대 안 된다. 아이 역시 아이만의 인생이 있다. 그리고 현재 아이의 엄마인 나도 나만의 인생이 있는 것이다.

둘을 같은 인생이라고 여기는 순간, 모두 불행의 길을 가게 된다. 엄마도 아이도 불행한 인생을 사는 것이다. 그러므로 엄마는 오직 엄마의 꿈만 바라보고 살아라. 그리고 아이 스스로 자신의 꿈을 그릴 수 있게 도와줘라. 아이는 반드시 자신만의 인생을 만들 의무가 있다.

- 7 -

아이가 친구들에게 먼저 다가가기를 두려워해요.
친구를 못 사귈까 봐 걱정이에요.

내성적인 아이들은 친구들에게 먼저 다가가는 것을 두려워합니다. 그리고 낯선 환경에 적응하는 데 좀 더 많은 시간이 필요합니다. 이런 아이는 엄마가 충분히 시간을 줘야 합니다. 다른 아이들과 비교하지 않고, 내 아이의 속도에 엄마가 맞춰야 합니다. 아이 역시 마음속으로 친구들과 친해지기를 원합니다. 하지만 그런 속마음과는 달리 조심스러운 성격으로 먼저 다가가기를 두려워하는 것입니다. 아이 역시 이런 자신의 모습을 충분히 잘 알고 있습니다. 그렇기 때문에 엄마는 아이를 다그치면 안 됩니다. 아이 스스로 조금씩 적응할 수 있는 시간을 줘야 합니다. 그리고 아이가 조금씩 친구들에게 말을 붙일 수 있는 방법을 알려주면 됩니다. 첫날은 눈 마주치기, 둘째 날은 친구 보며 손 흔들기 등 조금씩 진도를 나갈 수 있게 도와줍니다. 아이가 친구와 눈을 잘 마주쳤다고 하면 그것만으로도 엄마는 칭찬을 해야 합니다. 엄마의 칭찬 덕분에 그다음 날 아이는 친구에게 손을 흔들 수 있습니다. 아이들은 친해지는 속도가 전부 다릅니다. 그러므로 절대 다른 아이와 비교하지 말고, 내 아이의 속도에 맞춰주기 바랍니다.

07

사소한 것도 긍정으로
반응하는 엄마가 되자

때로는 사소한 것이 기적이 된다

예전에 EBS 다큐프라임 〈사소한 것의 기적〉이라는 프로그램을 시청한 적이 있다. 내용은 이랬다. 한 마을의 전봇대가 몇 년째 쓰레기로 뒤덮였다. 깨끗하게 치우고 나면 언제 그랬냐는 듯이 또다시 쓰레기로 뒤덮였다. 마을 사람들은 매번 민원을 넣었지만 달라지지 않았다.

여름이면 항상 그 곳에서는 악취가 풍겼다. 큰 거울을 달고, 경고장을 붙여놔도 아무런 소용이 없었다. 결국 취재진이 그곳으로 달려갔고, 깨끗한 마을을 만들기 위한 회의를 진행했다. 그중 한 마을 주민이 의견을 제시했다.

"우리 이곳에 작은 꽃밭을 만들면 어떨까요?"

이 말을 듣고, 모두 다 의아해했다. 그리고 다들 시큰둥한 표정으로 이렇게 말했다.

"전봇대 쓰레기 투기랑 꽃밭이랑 무슨 상관이 있을까요? 꽃밭으로 만든다고 해서 과연 사람들이 쓰레기를 안 버릴까요?"

하지만 별다른 대책이 없었다. 그래서 일단 그렇게 해보자고 했다. 먼저 전봇대 주변에 있는 모든 쓰레기를 깨끗하게 치웠다. 그리고 그 자리에 작은 꽃밭을 만들었다. 예쁜 꽃밭을 만들면서도, 마을 주민들은 달라질 것이 없을 것이라는 생각을 했다. 꽃밭은 그 마을의 사소한 변화였다. 하지만 꽃밭으로 바뀐 전봇대 주변은 어떻게 됐을까? 정말 놀라웠다. 그 뒤로 그 누구도 그 주변에 쓰레기를 버리지 않았던 것이다. 심지어 쓰레기를 투기하려고 했던 사람조차 다시 쓰레기를 가져가는 모습이 목격됐다. 단지 예쁜 꽃을 심어놨을 뿐인데, 그 주변의 모습은 정말 몰라보게 달라졌다. 마을은 더 이상 쓰레기 악취가 풍기지 않았다. 대신 그 자리에는 꽃 냄새가 가득했다. 사소한 꽃밭이 그 마을을 깨끗한 환경으로 바꿔준 것이다.

아이의 자존감 역시 마찬가지다. 지금 내 아이 마음이 쓰레기로 덮여 있다면, 엄마가 아이 마음에 사소한 꽃밭을 만들어주면 된다. 그러면 아이는 몰라보게 달라질 것이다. 대부분의 엄마는 아이를 변화시키기 위해 많은 노력이 필요하다고 생각한다. 하지만 이는 잘못된 생각이다. 아이들의 변화는 아주 사소한 것부터 시작하기 때문이다.

아이의 사소한 행동이나 사소한 말을 긍정으로 받아들이는 순간 아이는 변한다. 엄마의 그 사소한 긍정의 반응이 아이의 자존감을 키워주는 것이다. 모든 변화의 시작은 이렇게 사소한 것에서부터 출발한다. 사소한 것을 긍정적으로 반응하는 것은 결코 어렵지 않다. 아이를 잘 관찰하면 된다. 그리고 아이의 사소한 행동, 말 하나하나 긍정으로 반응해주는 것이다. 예를 들어 엄마가 설거지를 하고 있다. 설거지를 하다보면 주변에 물이 튈 수 있다. 이때 아이가 바닥에 떨어진 물을 닦아준다면 엄마는 절대 이 순간을 놓쳐서는 안 된다.

아이를 따뜻한 시선으로 바라보며 "바닥에 떨어진 물을 닦아줬어? 고마워. 덕분에 엄마가 할 일이 줄어들었네."라고 반응하면 된다. 이 사소한 반응이 아이에게는 꽃밭과 같은 위력이다. 그래서 자꾸만 그 행동을 반복하고 싶은 생각이 든다. 그 행동을 반복하면 엄마에게 칭찬을 받는다는 것을 알기 때문이다.

아이의 반복되는 행동과 반복되는 엄마의 칭찬은 아이의 자존감을 키워준다. 그리고 그 자존감은 아이가 스스로 무엇인가를 하고 싶은 욕구가 생기도록 도와준다. 그래서 아이가 스스로 해낼 때마다 엄마는 긍정의 반응을 보이면 된다. 그 긍정의 반응이 아이의 또 다른 성장을 일으키는 것이다.

초등학교 2학년 담임을 맡았을 때의 일이다. 2학년 아이들은 손끝이 야무지지 못하다. 그래서 손으로 하는 활동을 어려워한다. 특히 풍선을 묶거나 봉지의 매듭을 묶을 때 많이 힘들어한다. 하지만 유독 손끝이 야무진 여학생이 있었다. 내가 쓰레기봉투를 묶으려고 할 때면 항상 내게 왔다. 그리고 나 대신 자주 쓰레기봉투의 매듭을 묶어줬다. 아이의 그런 행동이 정말 사랑스럽고 예뻤다. 나는 학부모 상담을 할 때 그 아이의 엄마에게 그 이야기를 꺼냈다.

"어머니, 지윤이는 어쩜 그렇게 손끝이 야무져요. 그렇게 봉지를 잘 묶는 아이 처음 봤어요. 쓰레기봉투 버릴 때마다 우리 지윤이가 도와줘요."

아이의 사소한 행동을 모두 칭찬하는 엄마가 되자

엄마는 내 말을 듣고 놀라는 눈치였다. 엄마는 아이의 손끝이 그렇게 야무진 줄 몰랐다고 내게 말했다. 엄마는 그동안 지윤이의 사소한 행동을 놓치고 있었던 것이다. 그런 엄마에게 나는 지윤이의 사소한 모든 것을 칭찬해주라고 부탁했다.

실제로 엄마의 칭찬은 아이를 변화시켰다. 엄마는 아이에게 쓰레기봉투의 매듭을 묶어줄 것을 부탁했다. 그리고 지윤이는 학교에서처럼 능숙하게 매듭을 지었다. 엄마는 지윤이의 그런 모습을 보고 아이를 향해 따뜻한 눈빛과 따뜻한 말을 건넸다. 지윤이에게는 그 순간 엄마의 반응으로 세상에서 제일 행복한 순간이었을 것이다.

그 뒤부터 지윤이는 엄마의 집안일을 적극적으로 도왔다. 엄마의 따뜻한 반응이 아이를 긍정적으로 변화시킨 것이다. 실제로 지윤이는 집안일을 잘하지 않았다. 하지만 쓰레기봉투 매듭 칭찬을 계기로 스스로 변화한 것이다.

엄마는 단지 아이가 매듭을 묶어준 것을 칭찬했다. 그리고 그것은 사소한 반응이었다. 하지만 그 사소함이 아이를 변화시켰다. 이처럼 아이의 자존감은 사소한 것에서부터 시작한다. 그 사소한 반응은 티끌이 된다. '티끌 모아 태산'이라고, 엄마의 긍정 반응이 쌓일수록 아이의 자존감은 태산처럼 향상되는 것이다.

그렇기 때문에 아이의 사소한 변화가 보이면 엄마는 그 과정과 결과를 함께 칭찬해줘야 한다. 만일 집안일을 돕지 않았던 아이가 집안일을 도와준다면 그 과정을 칭찬해야 한다. 엄마를 돕기까지 마음먹은 그 과정을 칭찬해주는 것이다. 그리고 나서 아이가 깨끗하게 청소한 곳을 칭찬하면 된다. 이것은 아이 행동의 결과에 대한 칭찬이다.

아이의 사소한 변화를 긍정으로 반응할 때는 항상 과정과 결과를 함께 칭찬해야 한다. 과정도 아이의 마음의 변화고 결과 또한 아이 행동의 변화이기 때문이다. 아이를 항상 결과로만 칭찬하면 아이는 많은 부담을 갖게 된다.

혹시라도 실수를 하게 될까 봐 두려워한다. 하지만 과정을 함께 칭찬해주면 아이는 인정받는 느낌이 든다. 그리고 자신의 변화를 긍정적으로 칭찬해준 엄마의 반응을 따뜻한 사랑으로 느끼게 된다. 이런 마음은 아이 스스로 또 다른 일을 해내고 싶은 마음이 생기게 도와준다. 또 다른 일을 아이가 해낸다면 엄마는 다시 한 번 더 그 과정을 칭찬하면 된다. 그리고 그 과정의 결과 또한 함께 칭찬해주면 된다.

아이의 자존감을 향상시키는 일은 어렵지 않다. 엄마의 사소한 반응이 쌓이는 만큼 아이의 자존감이 향상되는 것이다. 그렇기 때문에 엄마가 무엇인가 대단한 일을 할 필요가 전혀 없다. 단지 아이를 자주 관찰해라. 아이의 표정, 아이의 행동, 아이의 말을 잘 관찰하는 것이다. 그리고 사소한 변화가 보일 때마다 엄마가 긍정으로 반응하면 된다. 그 반응은 우리 아이를 성장시킬 것이다. 그리고 우리 아이의 자존감을 향상시킬 것이다. 엄마의 사소한 반응이 쌓일수록 내 아이가 긍정적으로 변화한다는 사실을 기억하자.

08

엄마의 자존감이 곧
아이의 자존감이다

엄마는 엄마만의 인생이 따로 있다

세계가 주목하는 엄마가 있다. 바로 프랑스 엄마다. 프랑스 엄마들의
최고 관심사는 '자기 가꾸기'다. 그래서 육아를 제외한 대부분의 시간은
엄마를 위해 투자한다. 대부분의 프랑스 엄마는 아이를 낳고 3개월 뒤에
바로 복직한다.

그리고 임신으로 인해 살쪘던 몸매를 바로잡기 위해 노력한다. 바로
다이어트를 시작한다. 프랑스 엄마들은 외모에만 신경 쓰지 않는다. 외
모뿐만 아니라 엄마 스스로의 마음가짐에 힘을 쏟는다. 그래서 '프랑스
여자들은 나이 먹어도 늙지 않는다'는 말이 있을 정도다.

그렇기 때문에 프랑스 엄마들의 표정은 행복하다. 항상 자신감이 넘친다. 머리부터 발끝까지 자신감이 넘쳐난다. 그리고 그만큼 자신을 사랑한다. 엄마의 자존감은 그냥 생기지 않는다. 엄마 스스로를 사랑하는 만큼 엄마의 자존감이 향상되는 것이다. 그리고 그 향상된 자존감은 고스란히 아이에게 전달된다.

행복한 프랑스 엄마 밑에서 자란 아이는 행복하다. 무엇이든 스스로 해내는 힘이 강하다. 그리고 자기 만족도 또한 높다. 그래서 프랑스 엄마는 자기 스스로의 양육에 만족감을 느낀다. 엄마의 자존감이 그만큼 강하기 때문이다. 이렇듯 엄마는 육아 외에, 엄마 스스로 해야 할 일이 있어야 한다. 오직 자식을 돌보는 일을 엄마의 업으로 삼으면 안 된다. 그렇게 되면 자신의 삶이 점점 아이의 삶으로 바뀐다. 그리고 아이의 성장이 마치 자신의 인생인 것처럼 살아간다.

이렇게 되면 엄마는 제대로 된 자아실현을 할 수 없다. 특히 아이의 행동이 마음이 들지 않으면 더욱 그렇다. 아이는 아이만의 인생이 있다. 그리고 엄마는 엄마만의 인생이 있다. 그렇기 때문에 엄마 스스로 엄마가 해야 할 일을 만들어야만 한다.

엄마가 해야 할 일은 무엇이든 상관없다. 집에서 할 수 있는 간단한 일, 또는 직장을 다니는 일 등 무엇이든 괜찮다. 외모를 가꾸는 일 또한 엄마가 해야 할 일에 속한다. 자기 자신을 아름답게 가꿀수록 엄마는 자기 자신을 사랑하게 되기 때문이다.

자기 자신을 사랑하는 만큼 엄마의 자존감은 향상된다. 그리고 그 향상된 자존감은 엄마에게 행복을 가져다준다. 아이를 통한 엄마의 인생이 아닌, 엄마 본연의 인생에서 행복을 찾는 것이다. 그 행복은 고스란히 아이에게 전달된다. 그리고 그 행복이 아이의 자존감을 향상시키는 것이다.

이렇게 엄마의 자존감과 아이의 자존감은 항상 연결되어 있다. 보이지 않는 실로 긴밀하게 연결돼 있다. 그 주축은 항상 엄마다. 그래서 엄마의 자존감이 향상되면 아이의 자존감이 향상된다. 반대로, 엄마의 자존감이 무너지면 아이의 자존감 또한 무너진다.

즉, 엄마 스스로 행복해야 아이가 행복해진다. 그리고 엄마가 슬프면 아이 또한 슬프다. 아이는 엄마가 느끼고 생각하는 만큼 성장한다. 행복한 엄마의 아이는 행복하게 잘 자란다. 슬픈 엄마의 아이는 울적한 아이로 자란다. 엄마의 행복과 슬픔은 모두 엄마의 자존감에 달려 있다.

엄마는 엄마 스스로의 소중한 가치를 알아야 한다. 그리고 스스로의 능력을 믿어야 한다. 아이를 통해서 엄마의 가치를 평가하려고 해서는 안 된다. 아이를 위해 희생하는 삶을 살면 안 된다. 엄마 또한 엄마 스스로의 인생이 있어야 한다. 엄마의 인생에서 엄마의 행복을 찾아야 한다. 그래야만 아이 또한 자신의 인생에서 행복과 성공을 바라보는 아이로 성장할 수 있는 것이다.

지금 엄마의 인생은 누구를 위주로 돌아가는가?

이 글을 쓰고 있는 나 역시 한 아이의 엄마다. 아이를 낳고 보니, 나 역시 내 삶의 중심이 온통 아이라는 것을 알 수 있었다. 그 마음이 강해질수록 아이를 향해 웃고 있지 않은 내 모습을 발견했다. 나의 삶이 있어야만 내 아이를 바라볼 때, 행복한 미소를 지으며 바라볼 수 있을 것 같았다. 그래서 나는 오랫동안 이루고 싶었던 작가의 꿈을 위해 '한책협'의 김태광 대표님을 만났다. 수업을 듣고 원고를 쓰는 그 모든 시간은 나를 위한 시간이었다. 내 삶의 중심이 점점 아이에서 나로 돌아가고 있었다. 대표님을 통해 의식이 바뀌자 삶의 중심이 내 모습으로 변했다. 그 덕분에 나는 매일 행복했다. 그리고 내가 행복한 만큼 아이를 행복하게 바라보게 되고, 그만큼 아이를 더 많이 사랑하게 됐다. 유튜브 '김도사 TV' 또한 내 삶의 중심이 나라는 생각을 더욱 느낄 수 있게 도와줬다. 유튜브 '김도사 TV'의 모든 내용이 나에게는 "엄마 또한 엄마의 인생을 살아야 합니다. 그래야만 엄마와 아이의 자존감이 모두 건강해집니다."라고 외치는 것만 같았다.

　지금 아이의 자존감을 향상시키고 싶은가? 그리고 아이가 행복한 인생을 살기를 바라는가? 그렇다면 지금 엄마의 인생을 들여다봐라. 엄마의 인생이 행복한지, 불행한지 말이다. 만일 불행하다고 느껴진다면 그 원인을 찾아야 한다. 또한 그 불행의 원인이 아이라면, 엄마는 더 이상 아이를 중심으로 한 인생을 살면 안 된다. 아이가 엄마 인생의 중심이 된다면, 엄마의 모든 행복과 불행은 아이를 중심으로 돌아가게 된다. 그리고 자신의 가치를 아이를 통해서만 느끼려고 한다. 그렇게 되면 그 중심에 놓인 아이도 많은 부담을 갖게 된다. 아이는 엄마를 바라보며 자존감을 향상시키는 존재다. 하지만 아이가 엄마의 중심에 놓인다면 그 반대가 돼버리는 것이다. 아이의 자존감이 향상된 만큼 엄마의 자존감이 향상되는 것이다.

　아이는 아직 미성숙한 존재다. 그리고 아이는 이제야 자존감의 씨앗이 뿌려진 존재다. 그 씨앗은 엄마를 통해 뿌려진 씨앗이다. 결코 아이 스스로 뿌린 것이 아니다. 이처럼 씨앗을 뿌린 엄마가 그 자존감을 잘 키워야 하는데 아이 중심으로 사는 것은 반대로 아이를 통해 엄마의 자존감을 향상시키려고 하는 것과 같다. 마치 농부가 씨앗을 뿌린 채 그 씨앗

보고 알아서 잘 크라고 내버려두는 것과 같은 것이다.

이 글을 읽고 있는 당신 또한 프랑스 엄마가 될 수 있다. 아니, 프랑스 엄마가 돼야만 한다. 머리부터 발끝까지 오직 엄마를 위한 자신감을 갖춰야 한다. 그리고 그 자신감으로 자신을 소중히 여겨야 한다. 소중히 여기는 만큼 엄마만의 인생을 살려고 노력해야 한다. 그래야 엄마 마음에서 행복이 싹튼다. 그리고 그 행복이 엄마의 자존감을 향상시킨다. 머리부터 발끝까지 행복으로 무장한 엄마의 아이는 자연스럽게 자존감이 형성된다. 그리고 그 자존감이 내 아이를 머리부터 발끝까지 행복하게 만들어주는 것이다. 엄마의 행복 없이는 아이의 행복이 결코 있을 수 없다.

엄마의 인생을 사랑하라. 그리고 스스로 많이 웃어라. 거울을 볼 때마다 얼굴을 보고 매일 웃는 연습을 해라. 스스로에게 좋은 말을 많이 되뇌어라. 스스로를 사랑하는 만큼 자신의 가치는 높아진다. 그리고 그 높아진 가치가 스스로를 긍정적으로 바라보게 된다. 즉, 엄마 스스로 엄마의 인생을 사랑해야 아이의 인생이 밝아지는 것이다.

지금까지 많은 시간을 아이를 위해 썼다면 이제는 엄마를 위해 써야 한다. 엄마 스스로 충분히 돌볼 시간을 만들어야 한다. 그래야만 엄마의 감정을 알 수 있다. 또한, 엄마인 내가 무엇을 원하는 지 알 수 있다. 엄마를 위한 시간이 많을수록, 아이의 꿈이 아닌 엄마의 꿈을 생각하며 살게 된다.

자신의 꿈을 바라보며 살수록 엄마는 행복하다. 매일 행복하다. 그러므로 엄마를 위한 시간을 반드시 만들어라. 나는 프랑스 여자라는 마음가짐으로 말이다. 그리고 나를 가꾸는 일에 최선을 다해야 한다. 최선을 다하는 만큼 엄마는 행복할 것이다. 그리고 엄마의 그런 행복을 아이도 금방 눈치 챌 것이다. 엄마의 행복은 엄마의 자존감을 향상시킬 것이고, 엄마의 행복을 눈치 챈 아이 또한 자존감이 향상될 것이다. 엄마의 자존감이 곧 아이의 자존감이라는 사실을 잊지 말자.

- 8 -

담임 선생님께서 우리 아이가 학교에서 자주 화를 낸다고 해요. 어떻게 지도해야 할까요?

일단 아이가 집에서도 자주 화를 내는지 생각해보면 됩니다. 그리고 집에서도 자주 화를 낸다면, 주로 어떤 상황에서 아이가 화를 내는지 엄마가 메모를 합니다. 매일 아이를 유심히 관찰해서 아이가 화를 낼 때마다 메모를 합니다. 메모를 하다 보면, 아이가 특정한 상황에서만 화를 낸다는 것을 알 수 있습니다. 그것을 깨닫고 난 후, 아이가 화를 낼 때마다 "우리 ○○이가 무엇이 잘 안되니까 속상한가 보구나."라면서 아이의 마음을 잘 다독입니다. 그런 상황일 때마다 엄마가 아이의 마음을 잘 공감하면 됩니다. 그리고 아이의 기분이 좋을 때, 엄마가 먼저 아이가 유독 화내는 그 상황을 아이에게 말합니다. 그리고 그 상황이 닥칠 때마다 아이가 화를 내서 속상하다는 엄마의 마음을 표현하면 됩니다. 엄마가 이렇게 속상한 마음을 표현하면 아이 또한 자신이 어떤 상황에서 자주 화를 내는지 깨닫게 됩니다. 그 후, 그런 상황에서 화가 아닌 어떤 표현으로 바꾸면 좋을지 아이와 대화를 나눕니다. 다른 표현 방법을 나타내기로 약속했어도 아이들은 성숙하지 않기 때문에 또다시 화를 내는 상황이 종종 발생합니다. 그럴 때 엄마가 야단치지 않고, 함께 약속했던 내용을 차분히 알려주면

됩니다. 그리고 엄마가 자주 아이의 마음을 읽고 엄마의 언어로 아이에게 반복

해서 표현해야 합니다.

3 장

자존감을
높여주는
공감
대화법

아이의 여린 마음을
공감하고 건드려주자

엄마가 아이의 마음에 공감하는 것은 매우 중요하다

덴마크가 낳은 세계 최고의 동화 작가가 있다. 바로 '안데르센'이다. 우리가 알고 있는 『인어 공주』, 『미운 오리 새끼』 등은 모두 그의 유명한 작품이다. 안데르센은 가난한 구두 수선공의 아들로 태어났다. 안데르센은 친구들에게 심한 외모 놀림을 많이 받았다. 그래서 항상 친구들과 어울리지 못하고 외로운 학교생활을 해야만 했다.

놀림은 거기에서 멈추지 않았다. 안데르센은 몸이 둔했다. 그리고 항상 말을 할 때마다 발음이 샜다. 글씨를 쓸 때도 맞춤법 한 번을 제대로 쓴 적이 없었다. 하지만 그는 작가가 되고 싶은 꿈이 간절했다. 그래서 틈날 때마다 글을 쓰고, 자신이 쓴 글을 주변 사람들에게 보여줬다.

그의 글을 본 사람들은 하나같이 글의 내용을 칭찬하지 않았다. 그의 글은 엉터리라면서 조롱하고 비웃었다. 어린 안데르센의 마음은 주변사람들의 이런 말에 상처를 많이 받았다. 안데르센의 어머니는 그런 그를 보고 무척 안타까워했다. 그리고 매일 안데르센의 상처 입은 여린 마음을 위로해줬다. 안데르센의 어머니는 그를 항상 꽃밭에 데리고 갔다. 그리고 꽃을 가리키며 안데르센에게 말했다.

"아가야, 예쁜 꽃이 피려면 꽃도 중요하지만 그 밑에 있는 떡잎도 중요하단다. 하지만 사람들은 떡잎의 존재를 잘 모르지. 흙에서 간신히 얼굴을 내밀기 때문이야. 지금 너도 이 떡잎과 같단다. 아직 누군가가 너의 재능을 발견하지 못했지만, 너는 금방 이 꽃잎처럼 예쁘게 피어오를 거야. 그리고 모든 사람을 행복하게 해줄 거야."

안데르센의 어머니는 항상 안데르센의 여린 마음을 다독였다. 위로하고 공감했다. 아이가 상처받을 때마다 아이의 여린 마음을 안아줬다. 어머니의 위로는 안데르센 마음의 상처를 치유해줬다. 맞춤법을 틀리는 그에게 맞춤법을 공부하고 싶은 용기를 북돋아줬다. 그리고 자신의 글이 언젠가는 유명해지리라는 강한 확신을 심어줬다.

그 결과 안데르센은 유명한 작품을 많이 남길 수 있었다. 어머니의 따뜻한 공감의 마음이 그를 최고의 동화 작가로 만들어준 것이다. 그는 유년 시절 상처받았던 내용을 동화의 소재로 삼았다. 자신의 외모를 놀림받았던 때를 생각하며 '미운 오리 새끼'를 썼다. 그리고 친구 없이 혼자 지냈던 경험을 떠올리며 '잠자는 숲 속의 공주'를 쓸 수 있었다.

안데르센의 어머니는 아이의 여린 마음을 건드렸다. 상처 입은 아이의 마음에 자존감이 싹틀 수 있게 도와줬다. 그리고 그 자존감은 그의 어린 시절 상처를 축복으로 받아들일 수 있도록 도와줬다. 자존감이 향상될수록 안데르센의 시련은 축복이 되었다. 그래서 그는 자신의 경험을 동화 속 소재로 사용했다. 그에게 시련은 엄청난 축복이었기 때문이다.

엄마가 아이의 마음에 공감하는 것은 매우 중요하다. 특히 아이에게 시련이 닥쳤을 때나 해결되지 않는 문제점이 발생할 때 엄마의 공감은 더욱 빛을 발한다. 아이는 시련이 닥쳤을 때 제일 먼저 엄마를 떠올린다. 그리고 엄마가 내 이야기를 들어주길 원한다. 엄마의 조언이나 충고보다는 단지 자신의 말을 잘 들어주는 엄마를 찾게 되는 것이다.

아이가 속상한 일이 있을 때 엄마가 공감을 해준다면 아이는 저절로 치유가 된다. 그리고 그 속상한 마음을 건드려주면 아이는 스스로 해결

점을 찾기 시작한다. 굳이 엄마가 조언을 해주지 않아도, 엄마의 공감에 아이는 해결책을 찾는 것이다.

스스로 해결책을 찾는다는 것은 그 문제를 스스로 털어낼 수 있는 힘을 만들어주는 것이다. 엄마가 아이의 속상한 마음을 공감해주는 것은 아이에게 엄청난 치유가 되는 것이다. 예를 들어, 학교에서 친구에게 놀림을 받아 속상한 아이가 엄마에게 말을 한다. "엄마, 지민이는 나만 놀려!" 아이가 이렇게 말할 때 엄마는 어떻게 반응해야 할까?

만일 "네가 놀림받을 짓을 했나 보지."하면 아이의 마음에는 더 큰 상처가 생긴다. 아이가 속상한 이야기를 꺼낸다는 것은 자신의 이야기를 들어주고 공감해달라는 의미이기 때문이다. 엄마의 저런 무심한 반응은 아이 마음에 '화'라는 감정이 계속 남아 있게 한다. 그리고 그 '화'는 어느 순간 터질지 모른 채 아이의 마음에 응어리가 되어 남아 있다. 따라서 엄마는 아이의 말에 감정의 단어를 쓰며 여린 마음을 공감해야 한다.

"우리 딸 정말 속상했겠구나!" 하며 감정의 단어를 사용해서 마음을 공감한다. 그 후, 아이의 마음을 건드려주면 된다. "지민이가 우리 딸만 놀리는 거야?"하면서 아이가 속상한 마음을 계속 털어낼 수 있게 도와주면 된다. 엄마가 먼저 공감을 해준 뒤, 여린 마음을 건드리면 아이는 속상한 마음이 조금 진정된다.

그리고 자기 스스로 어떤 상황에서 지민이가 자신을 많이 놀리는지 생각해보게 된다. 엄마에게 말을 하면서 동시에 머릿속으로는 그 상황을 생각하게 되는 것이다. 머릿속으로 생각을 하고 나면, 아이는 스스로 해결책을 찾는다. 만일 자신의 반복되는 행동에 놀림을 받는다면 그 행동을 하지 않겠다고 스스로 해결책을 찾는다.

엄마는 아이에게 먼저 충고를 할 필요가 없다. 단지 아이의 마음을 잘 공감해주면 된다. 그리고 아이가 엄마에게 이야기를 계속 털어놓을 수 있게 그 여린 마음을 잘 건드려주면 된다. 만일 아이가 엄마에게 도움을 요청하면 그때 아이와 함께 해결책을 찾으면 된다.

대부분의 아이는 엄마가 공감해주는 것만으로도 스스로 해결책을 찾는다. 엄마에게 속상했던 일을 이야기하려면 그 상황을 다시 회상해야하기 때문이다. 또한 엄마가 감정의 단어를 써서 공감해줬기 때문에, 아이의 마음은 엄마에게 막 이야기를 꺼냈을 때보다 더 진정되어 있다.

아이 공감 능력과 자존감의 선순환은 엄마에게 달려 있다

엄마가 아이의 여린 마음을 잘 공감하고 건드려주는 것만으로도 아이의 공감 능력은 발달된다. 그래서 굳이 엄마가 말로 가르쳐주지 않아도 아이는 스스로 배려를 배운다. 그리고 그 배려를 친구들에게 그대로 활용한다.

초등학교에서 가장 인기 있는 친구는 남을 잘 배려하는 친구다. 배려를 한다는 것은 친구들에게 인정을 받는 것이다. 그리고 그 인정은 아이의 자존감을 향상시킨다. 초등학교 아이에게 친구들의 인정은 엄청난 자부심이기 때문이다. 그렇기 때문에, 인정을 받을 때마다 아이의 자존감 또한 향상되는 것이다.

엄마가 아이의 말에 잘 공감할수록 아이는 감정의 단어를 잘 사용한다. 엄마가 아이의 말에 공감할 때 항상 감정의 단어를 사용하기 때문이다. 그래서 아이에게는 감정의 단어가 매우 익숙하다. 그래서 친구들과의 갈등이 있을 때, 쉽게 해결할 수 있다. 엄마가 자신에게 했던 것처럼 친구의 이야기를 공감하며 잘 듣는 능력이 생기는 것이다.

친구의 이야기를 잘 듣는 아이는, 친구에게 서운했던 점을 감정의 단어를 잘 사용해서 슬기롭게 해결한다. 공감 능력이 발달하면 친구와의 갈등 역시 쉽게 해결할 수 있는 것이다. 또한 스스로 해결하는 과정에서 아이는 또다시 자존감이 향상된다. 이처럼 공감 능력이 발달하면 아이의 자존감이 향상된다. 그리고 아이의 자존감이 향상되면 또다시 공감 능력이 발달한다. 이 긍정의 선순환은 엄마에게 달려 있다. 엄마가 아이의 여린 마음을 공감하고 건드려줄수록 이 선순환은 반복되는 것이다.

초등학교는 아이가 겪는 최초의 공동체 생활이다. 그렇기 때문에 초등학생이 된 후, 누군가에게 마음을 표현할 때 감정의 단어를 사용하며 말하는 것은 매우 중요하다. 감정의 단어를 잘 사용하는 아이는 친구들과의 갈등을 쉽게 해결할 수 있다. 그리고 스스로 해결책을 잘 찾아낸다. 내 아이에게 이런 능력을 주고 싶다면 엄마는 아이의 마음에 공감하고 잘 들어줘야 한다. 그리고 아이의 여린 마음을 잘 건드려야 한다. 그래야만 아이의 공감 능력이 발달할 것이고, 그 공감 능력이 또다시 아이의 자존감을 향상시킬 것이다.

02

아이의 말에 숨겨진 의미를 제대로 알아차리자

아이들은 본인의 의도와 다르게 숨겨진 의미로 말할 때가 많다

"선생님, 저 오늘 독서록 10개밖에 못 썼어요."

"선생님, 제 글씨 이상하죠?"

"선생님, 제가 색칠한 거 보세요. 대충 한 거 같죠?"

우리 반 은지는 항상 무언가를 하고 난 뒤, 내게 다가와서 묻는다. 대부분 내게 인정받고 싶은 물음이다. 자신이 한 것을 인정받고 칭찬받고 싶어 한다. 하지만 정작 은지는 자신이 꼭 듣고 싶은 말과는 반대의 말로 질문을 한다. "저 오늘 독서록 10개밖에 못 썼어요."라는 말은 "선생님, 저 오늘 독서록 10개나 썼어요."라는 숨은 의미가 담겨 있다.

그리고 "선생님, 제 글씨 이상하죠?"는 "선생님, 저 정말 글씨 열심히 예쁘게 썼어요."라는 의미다. "선생님, 제가 색칠한 거 보세요. 대충 한 거 같죠?"는 "선생님, 제가 색칠한 거 봐보세요. 정말 꼼꼼하게 잘했죠?"라는 의미인 것이다.

그래서 나는 항상 그 숨은 의미를 알아차리고, 아이가 원하는 대답을 해줬다. 첫 번째 질문에는 "우와, 독서록을 10개나 썼어. 대단하네."라고 칭찬한다. 두 번째 질문에는 "어머, 글씨를 엄청 예쁘게 잘 썼네! 열심히 썼나 보구나." 하고 아이를 인정한다. 그리고 마지막 질문에는 "선생님이 생각하지도 못한 곳까지 꼼꼼하게 색칠했네, 역시 우리 은지야!"라면서 아이의 기를 북돋아준다.

아이는 내가 대답을 하면 항상 이렇게 말한다.

"독서록 10개가 많이 쓴 거라고요?"
"선생님, 제 글씨 이상해요. 대충 갈겨썼어요."
"색칠 꼼꼼하게 안 했어요. 그냥 여기만 칠한 거예요."

하지만 아이의 말과 아이의 표정은 정반대다. 얼굴은 이미 화색이 돈다. 마치 자기가 원했던 답변을 들은 것처럼 흐뭇해한다. 입으로는 저렇게 퉁명스럽게 말해도, 아이의 얼굴은 인정받음에 매우 흡족해한다. 만족해하는 표정이다. 이처럼 아이들은 본인의 의도와 다르게 숨겨진 의미로 말할 때가 많다. 엄마는 그 부분을 잘 알아채야 한다. 엄마가 숨은 의미를 잘 알아채고, 원하는 대답을 할 때마다 아이는 인정받는 느낌이 들기 때문이다. 아이는 엄마에게 인정받는 느낌이 들 때마다 마음에 자존감이 자란다. 그리고 그 자존감은 자기 스스로를 인정할 수 있게 만드는 원동력이 된다.

모든 아이는 누군가에게 인정받고 싶어한다. 특히 자존감이 약한 아이들은 더욱더 어른들에게 인정받고 싶어한다. 그중 단연 인정받고 싶은 대상은 세상에서 제일 사랑하는 엄마다. 엄마의 인정이 곧 이 아이들에게는 사랑의 표현이다. 그리고 그 사랑의 표현은 아이의 낮은 자존감에 조금씩 힘을 실어준다.

누군가에게 인정받고 싶은 아이일수록 아이의 말에는 숨겨진 의미가 많이 담겨 있다. 우리 반의 은지처럼 말이다. 은지의 어머니는 항상 바빴다. 그래서 은지를 유심히 관찰할 시간이 부족했다. 또한 은지와의 대화 시간도 부족했다. 은지는 항상 엄마에게 인정받기를 원했다. 그래서 내게 질문했던 것처럼 엄마에게도 똑같은 질문을 했을 것이다. 하루는 우리 반에서 수학 단원 평가를 보게 됐다. 은지는 그 단원평가를 위해 수업 시간, 쉬는 시간을 활용해서 틈틈이 수학 공부를 했다. 모르는 문제가 생길 때마다 나에게 와서 질문했다.

나는 은지가 수학 공부를 열심히 했다는 것을 알 수 있었다. 하지만 은지의 엄마는 은지가 그 시험을 위해 얼마나 열심히 공부했는지 잘 몰랐을 것이다. 은지와의 대화 시간도 부족하고, 일 자체가 많이 바빴기 때문이다. 은지는 열심히 공부한 것과는 다르게 수학 시험을 70점을 맞았다. 아이가 유독 속상해하는 눈치였다. 그날 은지는 엄마에게 다가가 수학 시험을 본 속상한 이야기를 털어놨다.

"엄마, 저 수학 시험 봤는데 70점 맞았어요."
"70점? 왜 그거밖에 못 맞았어? 수학 공부 제대로 한 거 맞니?"
"공부 안 했어요! 이제 됐어요?"

아이가 내뱉은 말의 의미를 생각한 후 반응하자

은지는 이렇게 말하고는 방문을 닫고 들어가버렸다. 은지의 태도에 화가 난 엄마는 그날 오후 내게 전화를 했다. 그리고 은지의 태도를 혼내달라는 말을 꺼냈다. 나는 은지의 말에 숨겨진 의미를 알 수 있었다. 은지는 엄마에게 "수학 시험 70점 맞았어요."라고 했지만, 아이가 정말로 하고 싶었던 말은 "엄마, 저 이번에 수학 공부 열심히 했어요. 그런데 70점

밖에 못 맞았어요."라며 위로를 받고 싶었을 것이다.

나는 은지가 학교에서 열심히 공부한 것을 알았기 때문에 엄마에게 사실대로 털어놨다. 그리고 아이의 말에 숨겨진 의미를 잘 파악해달라고 부탁했다. 엄마는 내 말을 듣고 은지에게 무척 미안해했다. 그리고 은지에게 사과를 하겠다며 나와의 전화를 끊었다. 만일 은지 엄마가 평소 아이의 말에 숨겨진 의미를 잘 알았다면 이런 일이 있었을까? 아마 엄마는 은지에게 대답하기 전에 한 번 더 생각했을 것이다. 아이가 무슨 의미로 나에게 이렇게 말하는지 말이다. 하지만 은지 엄마는 항상 바빴다. 그리고 은지를 유심히 관찰할 시간이 부족했다. 은지는 집에서도 수학 공부를 열심히 했을 것이다. 학교에 오면 내게 수학 공부한 내용을 항상 이야기했다. 은지 엄마가 조금이라도 아이를 잘 관찰했다면 아이의 숨은 의미를 금방 파악할 수 있었을 것이다.

아이의 숨은 의미를 잘 파악한 후, "은지가 이번에 열심히 공부했는데, 속상하겠네. 그래도 괜찮아. 열심히 공부한 거 은지도 알고 엄마도 알잖아." 이렇게 인정의 말을 건넸을 것이다. 그렇다면 아이는 자신의 과정을 엄마에게 인정받았기 때문에 위안이 됐을 것이다. 그리고 스스로 어떤 부분이 부족했는지 파악할 수 있었을 것이다. 그리고 그 부분을 더 집중적으로 공부했을 것이다. 초등학생인 아이는 아직 미성숙한 존재다. 특히 감정 표현에 더 서툴다.

　엄마에게 대놓고 인정받고 싶다는 표현을 잘하지 못한다. 그래서 초
등학생 아이는 본인의 의도와는 다르게 말을 꺼낼 때가 있다. 이럴 때마
다 엄마는 아이 말에 숨겨진 의미를 잘 파악해야 한다. 잘 파악한 후, 아
이가 원하는 대답을 해줘야 한다. 엄마가 원하는 대답을 해줄수록 아이
는 인정받고 있다는 것을 느끼게 된다. 그리고 그 인정은 아이에게 자긍
심을 준다. 자기 스스로 가치 있는 존재임을 느끼게 되는 것이다. 스스로
가치 있다고 느끼는 것은 아이 마음에 자존감이 생기는 긍정의 신호다.
스스로 가치 있다고 느낄 때마다 아이의 자존감은 향상되는 것이다.

　평소 아이가 어떻게 말하는지 한 번 생각해보자. 만일 아이가 한 말에
엄마가 그대로 반응했을 때, 아이가 실망한다면? 아마 아이는 실제로 듣
고 싶은 말과는 정반대되는 말로 엄마에게 내뱉을 가능성이 많다. 그렇
기 때문에 항상 엄마는 아이 말에 숨겨진 의미가 있는지 생각해야 한다.
아이의 말을 듣자마자 반응하지 말고, 머릿속으로 한 번 더 생각한 후 반
응해야하는 것이다. 아이의 숨겨진 의미를 잘 파악할수록 아이는 스스로
를 가치 있는 존재로 느낀다. 그리고 그 자긍심은 아이의 자존감을 향상
시켜줄 것이다. 그러므로 항상 아이가 내뱉은 말의 의미를 생각한 후 반
응하자.

- 9 -

아이가 화나는 일이 있으면 울기만 해요.
그런데 친구들과 잘 지낼 수 있을까요?

유독 마음이 여리거나 감정이 더 앞선 아이들은 친구와의 다툼에서 속상한 마음을 울음으로 표현을 합니다. 아이의 이런 행동을 보고 "울지 말고, 똑바로 말해!"라고 다그치면 안 됩니다. 따뜻한 눈빛으로 아이를 보면서 따뜻하게 안아주면 아이는 조금씩 진정이 됩니다. 그리고 엄마가 먼저 "우리 ○○이가 무엇 때문에 속상했구나. 많이 속상했나 보네." 하면서 아이의 마음을 엄마의 언어로 말해주면 됩니다. 자신의 속상한 마음을 엄마의 표현으로 들은 아이는 그 말에 위로가 되어 화가 났던 일이나 속상했던 일이 조금씩 마음속에서 누그러집니다. 아이의 마음이 진정되고 나면, 엄마는 아이에게 엄마의 솔직한 마음을 표현합니다. "○○아, 엄마는 ○○이가 화가 났을 때 엄마에게 말로 표현하면 좋겠어. ○○이가 울고만 있으면 엄마 마음이 속상해. 화가 나서 울음이 나더라도 울음 그치고 나면 엄마에게 왜 화가 났는지 말해줄 수 있을까?"하면서 아이에게 엄마의 마음을 표현합니다. 그런 후, 아이가 울더라도 나중에 자신이 왜 화가 났었는지 엄마에게 설명하면 그 점을 칭찬해줍니다. 반복해서 실천하다 보면 아이 또한 성장하면서 점점 우는 횟수가 줄어들 것입니다.

03

아이의 말을 경청하며
공감의 표현을 하자

초등학교 1학년, 아이의 공동체 생활 출발점이다

'한글' 하면 떠오르는 위인이 있다. 바로 세종대왕이다. 세종대왕이 '한글'을 창시할 수 있었던 비결은 무엇일까? 바로 그의 진심 어린 경청과 공감 덕분이었다. 백성의 이야기를 진심으로 경청하고, 공감했기에 세종대왕은 한글을 창시할 수 있었던 것이다. 세종대왕은 궁궐에서 생활하기 때문에 백성의 어려움을 잘 알지 못했다.

그렇기 때문에 세종대왕은 백성의 삶이 궁금했다. 그리고 어떤 어려움이 있는지 알고 싶었다. 그래서 세종대왕은 백성과 대화를 나누는 '구언'의 시간을 만들었다. 이 '구언'의 시간을 통해 세종대왕은 백성의 이야기를 진심으로 들었다. 세종대왕은 자신의 말을 아끼고, 백성의 말을 더 주의 깊게 들었다. 그리고 힘든 백성의 마음에 공감의 표현을 했다.

세종대왕은 백성뿐만 아니라 신하들의 말에도 경청했다. 어떤 직급이든 개의치 않았다. 직접 그들을 만나 직접 그들의 말을 들었다. 처음에는 많은 신하들이 이런 세종대왕의 모습을 어려워했다. 하지만 그의 경청과 공감의 표현 덕분에 신하들은 마음의 문을 열었다. 그 덕분에 자신들의 속마음을 세종대왕에게 허심탄회하게 털어놓을 수 있었다. 그의 이런 경청은 훗날 조선을 태평성대하게 만드는 밑거름이 되었다.

한 집안에 아이가 태어났다. 아이가 태어난 이후, 집안은 아이를 중심으로 돌아간다. 특히 엄마는 아이의 모든 일거수일투족을 면밀히 관찰한다. 그리고 아이가 어제와 다른 행동을 보이면 엄마는 모든 감각을 동원해서 아이를 칭찬한다. 뒤집기를 못했던 아이가 뒤집기를 한 순간, 엄마는 감동을 느낀다. 그리고 뒤집기를 했던 아이가 배밀이를 하면 온몸을 활용해 엄마의 기쁨을 표현한다.

그랬던 엄마가 아이가 초등학생이 되면서 조금씩 변하기 시작한다. 끊임없이 엄마에게 다가와 이런저런 말을 하는 아이가 귀찮아질 때가 있다. 그리고 아이의 말을 듣는 둥 마는 둥 의미 없는 대꾸를 해줄 때도 있다. 때로는 아이의 말에 단답형으로 대답해버리기도 한다. 그리고 그 단답형은 아이에게 그만 좀 이야기하라는 무언의 암시이기도 하다.

아이가 초등학교 1학년이 되면 처음으로 겪게 되는 공동체 생활이 신기할 것이다. 쉬는 시간이 10분 주어진다는 것, 그리고 새로 만난 친구들과 함께 공동체 생활을 한다는 것 등 모든 것이 말이다. 아이는 초등학생이 되면 교과서, 의자, 책상이 놓인 곳에서 40분 동안 수업을 받고 10분 동안 쉬는 시간을 갖는다. 그리고 중간 놀이 시간이 되면 친구들과 함께 우유를 마신다. 점심시간이 되면 학교 급식실에 가서 친구들과 함께 점심을 먹는다. 그리고 1인 1역이라는 역할을 맡아서 자신이 담당한 청소 구역을 열심히 청소한다. 이런 모든 것이 처음에는 아이에게 낯설고 어려울 것이다. 그래서 아이는 학교에서 느끼고 경험한 모든 것을 엄마와 함께 공유하고 싶어한다. 그리고 엄마의 경청을 통해, 어색했던 학교생활을 위안받기를 원한다.

엄마는 이미 초 · 중 · 고등학교를 겪어봐서 아이의 학교 일상이 눈에 그려진다. 그래서 아이의 첫 초등학교 생활을 별거 아닌 일로 여길 수 있다. 별거 아닌 일로 여기게 되면 매일 이어지는 아이의 학교 이야기가 지겨울 수 있다. 때로는 듣기 싫을 때도 있다. 그래서 아이가 하는 말에 대충 대꾸를 해주거나, 바쁘다는 핑계로 나중에 이야기하자고 말할 수도 있다. 하지만 아이에게는 초등학교 생활이 큰 모험이다. 아이 인생의 첫 도전일 수 있다. 그렇기 때문에 엄마는 아이를 적극적으로 응원해야 한다. 아이가 학교생활에 잘 적응할 수 있게 도와줘야 한다. 아이가 잘 적응할 수 있게 도와주는 방법은 간단하다. 아이가 학교생활을 이야기할 때마다 온몸을 활용해서 경청을 하는 것이다. 잠시 하던 일을 멈추고 아이 이야기를 잘 들어주면 된다.

엄마가 아이의 말을 잘 듣고 있다는 끄덕임, 아이의 말에 집중을 하고 있다는 눈빛, 중간 중간 아이 말에 대한 추임새를 넣어주는 것이다. 그리고 아이가 힘들었던 부분을 이야기하면 그 부분은 적극적으로 공감을 해주는 것이다. 감정의 단어를 사용해서 공감을 해주면 아이는 편안함을 느낀다. 그리고 그 편안함은 학교에서 긴장하고 있었던 아이 마음에 안정감을 준다. 그 안정감이 아이를 금방 학교생활에 적응할 수 있게 도와주는 것이다.

초등학생 아이들이 선호하는 친구는 경청하는 친구다

나는 분기별로 반 아이들의 교우 관계를 활동지를 통해 확인한다. 10년째 이어지고 있는 활동이다. 교우 관계 활동지는 반 아이들이 선호하는 친구, 싫어하는 친구 등을 적는다. 간단한 이유와 함께 말이다. 이 활동을 하면 어떤 학생의 자존감이 강한지, 어떤 학생의 자존감이 약한지

금방 파악할 수 있다.

매해 새로운 아이들을 맡으니, 활동지에 적힌 선호하는 친구의 이름은 다르다. 하지만 매해, 그 친구를 선호하는 이유는 모두 같다. 바로 '내 이야기를 잘 들어주니까.'이다. 초등학교 아이들이 선호하는 친구는 자신의 이야기를 잘 들어주는 친구다. 그래서 친구들의 이야기를 잘 들어주는 친구는 교우 관계가 무척 좋다. 가끔씩 사소한 갈등이 생기더라도, 친구의 이야기를 잘 들어주면서 스스로 쉽게 해결한다. 나 역시 아이들을 지도하는 초등학교 교사지만, 한 아이의 엄마이기도 하다. 그래서 이런 유형의 아이 엄마에게는 조언을 받고 싶은 마음이 생긴다. 친구들의 이야기를 잘 들어주는 학생의 어머니가 학부모 상담을 하러 학교에 오면, 나는 항상 같은 질문을 한다.

"어머니, 우리 ○○이는 친구들의 말을 정말 잘 들어줘요. 어떻게 아이를 키워야 그렇게 경청을 잘할 수 있나요?"

이 질문을 받은 어머니들은 하나같이 이렇게 말씀하셨다.

"아이고, 선생님. 우리 ○○이 좋게 봐주셔서 정말 감사해요. 그냥 우리 ○○이가 이야기할 때 잘 들어주는 편이에요. 그래서 그렇게 친구들

말을 잘 들어주나 봐요."

친구들의 이야기를 잘 들어주는 아이는 엄마가 그 아이의 말을 잘 들어준다. 엄마의 입으로 아이와 대화를 나누지 않고, 엄마의 귀로 아이와 대화를 나누는 것이다. 아이의 대화를 잘 들어준다는 것은 엄마가 아이에 대한 사랑을 표현하는 방법이다. 그리고 그 사랑이 아이가 사랑받고 있음을 느끼게 해주는 것이다. 그래서 그 사랑을 다른 친구들에게 실천할 수 있는 것이다. 많은 엄마들이 아이가 학교생활을 잘하기를 원한다. 그리고 친구들과 잘 어울리기를 원한다.

그렇다면 엄마 먼저 아이의 말을 잘 들어야 한다. 아이가 학교에서 친구들의 말을 잘 들어주려면, 엄마가 먼저 아이의 말을 잘 들어줘야 하기 때문이다. 아이에게 기분 좋은 일이 있을 때는 엄마 또한 기쁨으로 아이의 말을 경청하면 된다. 그리고 엄마의 표정은 아이의 기쁨을 진심으로 기뻐한다는 웃음을 보여주면 된다. 가끔씩 박수를 치거나, "○○이가 기쁘니까 엄마도 기뻐, 엄마도 기분이 좋아." 등 아이의 기쁜 마음을 함께 공감해주면 된다. 만일 아이에게 슬픈 일이 있다면 엄마 또한 아이를 진심으로 걱정한다는 표정을 지으면 된다. 그리고 고개 끄덕임, 아이의 등을 쓸어내리는 스킨십 등 엄마가 적극적으로 경청하고 있음을 온몸을 활용해 보여주는 것이다. 그런 후, "○○이가 그만큼 속상했겠구나, 많이 힘들었겠다." 등 현재 아이의 마음에 공감을 하는 표현을 하면 된다.

　엄마가 아이의 말을 잘 들어주는 것만으로도 아이는 둘도 없는 자기편이 생긴다. 그래서 어떤 어려움도 극복할 수 있다. 그리고 어떤 시련도 스스로 해낼 수 있다. 아이의 말을 잘 들어주는 것만으로도 아이 마음속에는 자존감이 싹트기 때문이다. 엄마가 아이의 말을 잘 들어주고, 아이의 마음에 공감할수록 아이는 건강한 마음으로 잘 자랄 것이다. 그리고 그 건강한 마음이 또 다른 누군가를 위해 귀를 열어주는 아이로 성장시킬 것이다.

04

스킨십이 있는 대화는
선택이 아닌 필수다

스킨십은 또 다른 대화 소통이다

1940년 한 고아원이 있었다. 이 고아원은 무조건 고아원 아이들에게 최상의 환경을 제공하는 것을 원칙으로 했다. 그래서 매일 아이들에게 깨끗한 시설과 최고급의 음식만 제공했다. 그렇게 고아원 아이들은 최고급 환경에서 자라고 있었다. 하지만 최고급 환경과는 다르게 아이들은 이상하게 변했다. 최고급 음식만을 먹는데도 고아원 아이들은 야위어갔다. 그리고 깨끗한 시설에서 살고 있음에도 불구하고 아이들은 자꾸 병에 걸렸다. 하루가 멀다 하고 고아원 대부분의 아이는 시름시름 앓았다. 결국 고아원 절반이 안 되는 아이들이 2살이 되기도 전에 생을 마감했다.

이 점을 이상하게 생각한 르네스피츠라는 정신과 의사는 그 원인을 분석하기 위해 노력했다. 그러던 중 이 의사는 우연히 다른 고아원을 알게됐다. 그 곳의 환경은 열악했다. 바로 교도소 안 고아원이었다. 이 고아원에 살고 있는 아이들의 환경은 깨끗하지 못했다. 그리고 최상의 음식을 제공받지 못했다. 하지만 아이들은 신기하게도 무럭무럭 잘 자랐다. 누구 하나 병에 걸리지 않고 튼튼하게 잘 자라고 있었다.

열악한 환경 속에서도 아이들을 잘 키우고 있던 그 고아원의 비결은 무엇이었을까? 바로 스킨십이었다. 이 교도소 안 고아원에서는 교도소에 수감된 아빠, 엄마, 그리도 또 다른 재소자까지 아이들과 주기적으로 스킨십을 하고 있었다. 아이들에게는 그 스킨십이 따뜻한 사랑이었다. 반면에 최고급 환경의 고아원은 아이들과 누군가의 신체 접촉을 철저히 피했다. 접촉을 통한 감염병을 우려했기 때문이다. 하지만 스킨십 없는 아이의 성장이 결국은 아이를 병들게 만들었다. 그리고 야위게 만들었다. 그 결과, 대부분의 아이는 2살이 되지 못하고 생을 마감했던 것이다.

스킨십을 '제2의 두뇌'라고 부르기도 한다. 이는 피부를 통한 상대방과의 소통을 의미한다. 그만큼 스킨십의 힘은 위대하다. 특히 엄마와의 접촉은 더 그렇다. 스킨십은 엄마와의 또 다른 소통이다. 그리고 그 소통이 내 아이를 건강하게 성장할 수 있게 도와주는 것이다.

아이와의 스킨십은 하루 24시간 내내 정말 중요하다. 그만큼 스킨십은 선택이 아닌 필수다. 아이가 막 태어나면 엄마는 아이를 품에 안는다. 그리고 아이를 들여다볼 때마다 볼에 뽀뽀를 하거나 어루만진다. 이 스킨십은 아이가 클수록 점점 사라진다. 그리고 그 사라진 스킨십의 빈자리에 '대화'라는 것이 채워진다. 하지만 아이가 초등학생이 되었다고 해도, 스킨십은 필수여야 한다. 물론 엄마가 아이에게 표현하는 스킨십의 강도는 아이가 원하는 강도에 맞추면 된다. 아이가 초등학생이 되어도 엄마와 대화를 나눌 때 꼭 안아주기를 원한다면 아이를 꼭 안아주며 대화하면 된다.

엄마의 손을 꼭 잡고 대화 나누는 것을 즐겨 한다면 그렇게 하면 된다. 이렇게 대화를 할 때 스킨십까지 한다면 아이와 엄마는 2가지를 활용해서 대화하는 것이다. 입으로 주고받는 말이라는 언어적 소통, 그리고 피부를 통한 상대방과의 소통인 비언어적 소통이다. 엄마가 아이가 하는 말에 경청을 하고 공감을 하면 아이는 그것만으로도 사랑을 느낀다. 하지만 스킨십을 통한 대화까지 한다면, 아이가 느끼는 사랑은 그 2배가 된다. 그래서 그만큼 아이가 행복하게 자랄 수 있는 것이다. 행복하게 자란다는 의미는 아이의 자존감이 그만큼 향상된다는 것을 의미한다.

초등학교 2학년 담임을 맡았을 때, 유독 안아달라고 조르는 여학생이 있었다. 수업 시간을 제외한 모든 시간에 그 여학생은 내게 달려왔다. 그리고 항상 똑같은 말을 했다.

"선생님, 안아주세요!"

나는 매일 이 여학생을 안아줬다. 그 아이는 포근함을 느끼면 다시 자기 자리로 돌아가곤 했다. 하지만 어떤 날은 내게 다가와 시도 때도 없이 안아달라고 조르기도 했다. 아이가 안아달라고 조를 때마다 아이는 내게 "외로워요. 선생님."이라고 외치는 것 같았다.

아이는 엄마와의 스킨십을 통해 감정적인 욕구를 채운다

나는 그 아이가 왜 이렇게 내게 안아달라고 하는지 무척 궁금했다. 그리고 문제가 있다면, 그 원인을 파악해서 해결해야만 했다. 나는 그 아이와의 학부모 상담을 통해 그 원인을 알 수 있었다. 이 아이의 엄마는 3살 쌍둥이 동생들을 돌보고 있었다. 이 여학생이 6살이 되던 해에, 쌍둥이 동생들이 태어난 것이다.

엄마의 사랑을 독차지하고 있었던 이 여학생에게 갑자기 나타난 동생들은 무척 당황스러운 존재였을 것이다. 그리고 당황하기 무섭게 엄마의 손길이 동생들을 향해 갔을 것이다. 그때부터 엄마는 쌍둥이 동생들을 돌보느라 정신이 없었을 것이다. 이 여학생이 엄마에게 말을 걸어도 엄마는 대충 흘려듣고, 이야기를 했을 것이다. 그리고 계속해서 쌍둥이 동생들을 챙겼을 것이다. 아이와의 대화가 조금씩 줄어드니, 자연스럽게 아이와의 스킨십 또한 줄어들었을 것이다.

엄마는 물론 아이와 대화를 나누려고 노력했을 것이다. 하지만 대화를 나누는 동안에도 아이를 향한 엄마의 스킨십은 점점 줄어들었을 것이다. 입으로는 아이와 대화를 하고 있지만, 엄마의 눈빛과 손길은 여전히 쌍둥이 동생들을 향했기 때문이다. 초등학생 아이의 감정적 욕구는 가정에서 채워야 한다. 그래야만 친구, 선생님과의 유대관계를 돈독히 할 수 있기 때문이다. 특히 아이들은 엄마를 통해 자신의 감정적인 욕구를 채우고 싶어 한다. 엄마와의 따뜻한 스킨십을 통해 말이다. 매일 안아달라고 조르는 우리 반 여학생은 그 감정적인 욕구를 채우지 못했다. 엄마를 통해 채우고 싶었지만 그러지 못했다.

아이는 그 부족한 부분을 선생님인 나를 통해 채우고 싶어했다. 그래서 자꾸 내게 다가와 안아달라고 표현했던 것이다. 아이가 건강하게 자라야 아이의 자존감이 향상된다. 그 건강함은 오직 아이의 신체에만 제한되지 않는다. 아이의 마음 역시 마찬가지다. 그렇기 때문에 엄마는 아이의 감정적인 욕구를 반드시 채워줘야 한다. 특히 초등학교 저학년 시기는 더욱 그렇다. 감정적인 욕구가 채워지지 않는 아이들은 엄마와 함께 있어도 외롭다. 엄마와 나란히 앉아 있어도 외로운 마음을 느낀다.

그 외로운 마음은 오직 엄마만 해소할 수 있다. 엄마는 아이와 대화를 나눌 때마다 따뜻한 스킨십을 해야만 한다. 그리고 그 외로운 마음에 자존감의 씨앗을 뿌려야 한다. 외로움을 많이 타는 아이에게는 엄마의 공감 어린 대화만으로 자존감의 씨앗을 뿌릴 수 없다. 엄마의 스킨십을 많이 요구하는 아이에게는 대화와 함께 스킨십을 해야 하는 것이다. 공감하는 대화와 함께 스킨십을 하면, 아이는 엄마와의 정서적 친밀감을 느끼게 된다. 그 정서적 친밀감은 아이 마음에 자존감이 조금씩 싹트게 도와준다. 그리고 그 자존감이 크게 향상될 수 있게 만들어주는 것이다.

이는 아이의 신체가 자라는 만큼, 아이 마음속의 자존감 또한 쑥쑥 자라는 것을 의미한다. 그리고 아이는 신체적으로, 정서적으로 건강한 아이로 성장하게 된다. 그 건강한 자존감이 아이를 건강한 성인으로 성장시켜주는 것이다.

초등학교 아이들은 아직 미성숙한 존재다. 그만큼 엄마의 사랑을 원한다. 특히 엄마와 대화를 나눌 때 스킨십을 나누고 싶어 한다. 그 감정적인 욕구를 엄마는 알아채야 한다. 그리고 감정적인 욕구에 자존감이라는 씨앗을 뿌려야 한다는 사실을 반드시 깨달아야 한다. 자존감의 씨앗을 잘 뿌리기 위해서는 아이의 말을 잘 경청해야 한다. 하지만 그 씨앗이 잘 자라기 위해서는 경청과 함께 스킨십을 해야 한다. 그러므로 스킨십이 있는 대화는 선택이 아닌 필수다.

- 10 -

직장맘이라서 평일에는 아이와 대화할 수 있는 시간이 거의 없어요. 어떻게 해야 할까요?

직장에 다니는 엄마들은 야근을 할 때가 종종 있습니다. 그런 날은 아이가 잠들고 난 후, 집에 들어가기도 합니다. 그러나 바쁘다는 핑계로 아이와의 소통 시간을 줄이면 안 됩니다. 직장맘 엄마들은 시간을 내서 잠깐이라도 아이와 소통을 하고 아이의 하루 일과를 알고 있어야 합니다. 하교시간, 학원 가는 시간, 학원 끝나는 시간 등 모든 시간을 정확하게 파악하고 있어야 하고 그 시간이 될 때마다 아이에게 문자나 전화를 합니다. 문자나 전화로 아이에게 사랑한다는 표현을 자주 하고, 엄마는 지금 무엇을 하고 있는지 구체적으로 알려주면 됩니다. 엄마가 자주 엄마의 상황을 표현할수록, 아이 또한 엄마를 이해하게 됩니다. 그리고 엄마가 바빠서 늦게 들어오는 날도 아이는 이해합니다. 엄마와의 소통으로 엄마가 늦는다는 것을 이미 알고 있기 때문입니다. 자주 소통을 해야 하는 이유는 '엄마는 항상 너를 지켜보고 있어. 엄마는 네 편이야.'라는 마음을 아이에게 심어주기 위한 것입니다. 초등 시절, 엄마의 사랑은 무척 중요합니다. 그러므로 바쁘다는 핑계로 아이와의 소통을 미루지 말고, 틈틈이 아이에게 연락해서 엄마의 마음을 표현해야 합니다.

05

긍정의 속마음을
솔직하게 표현하자

아이들에게는 사소한 행동 하나하나 모두 의미가 있다

현재는 '한책협'의 대표이지만, 과거 나 역시 초등학생을 대상으로 독서 논술을 지도한 경험이 있다. 독서 논술을 지도할 당시, 내가 꼭 했던 활동이 있다. 바로 '친구 칭찬' 활동이다. 활동 내용은 이렇다. 아이들은 한 달 동안 반 친구들을 잘 관찰한다. 그리고 어떤 친구가 긍정적인 행동을 했는지 미리 생각한다. 그 후 '친구 칭찬' 활동 시간이 되면 그 친구의 어떤 점을 칭찬하고 싶은지 적는 것이다.

누가 누구를 칭찬했는지 공개하지 않는다. 비공개다. 그렇기 때문에 아이들은 더 솔직하게 자신의 마음을 적는다. 그리고 아이들이 적은 내용을 내가 하나씩 읽어준다. 이 활동을 쑥스러워하면서도 아이들은 자신의 이름이 언제 나올지 기다리며 설렌다.

아이들은 친구의 칭찬할 점을 솔직하게 잘 적는다. 아주 사소한 행동도 빠트리지 않고 적는다. 아이들이 칭찬하는 내용은 대부분 거창한 것이 아니다. 교실에서 흔히 일어날 수 있는 것들을 적는다. 예를 들어 '보드게임을 하고 난 후, ○○이가 나와 함께 정리해줬다, 연필을 안 가져왔는데 ○○이가 내게 빌려줘서 고마웠다, '돌봄 교실 갈 때 ○○이가 내가 책가방을 다 쌀 때까지 기다려줬다.' 등 정말 사소한 행동이다.

엄마가 볼 때는 별거 아닌 일처럼 보이지만, 아이들이 적은 내용을 보면 아이들에게는 모두 칭찬받을 만한 대단한 행동들이다. 아이들에게는 사소한 행동 하나하나가 전부 다 의미가 있는 것이다. 내가 아이들 앞에서 저런 사소한 이유를 읽어주면 아이들은 시시해하지 않는다. 진심으로 경청하고, 즐거워한다. 그리고 자신의 그런 행동을 칭찬해줬다는 것에 매우 흡족해한다. 어느 누구 하나 "무슨 그런 시시한 이유를 적었어요?"라고 말하지 않는다. 다들 그런 사소한 행동을 했던 친구를 대단하게 생각하고, 그 친구를 향해 아낌없는 칭찬을 한다.

엄마의 시선으로 바라봤을 때 누군가가 연필을 빌려주는 행동은 별거 아닌 일처럼 느껴질 수 있다. 그리고 친구가 가방을 다 정리할 때까지 기다려주는 행동도 시시한 행동처럼 느껴질 수 있다. 그래서 그런 행동을 굳이 고마워해야 하나 싶은 생각이 들 수도 있다. 하지만 아이들의 시선은 다르다. 아이들의 시선은 그런 사소한 행동이 전부 대단한 일인 것이다. 아이들은 아직 정서적으로 미성숙한 존재다. 그래서 아이들의 눈으로 바라봤을 때, 그런 행동은 아이에게 전부 다 큰 의미가 되는 것이다. 그렇기 때문에 엄마는 아이에게 엄마의 속마음을 잘 표현해야 한다. 아이가 집에서 하는 행동 하나하나 유심히 관찰하고, 엄마의 속마음을 아이에게 전달해야 한다. 아이는 모든 행동 하나하나 엄마에게 인정받고 싶어 하기 때문이다.

엄마가 아이에게 긍정의 속마음을 표현하는 방법은 간단하다. 엄마의 시선을 아이의 시선으로 돌리면 된다. 그리고 아이의 입장으로 아이의 행동을 바라보면 된다. 엄마에게는 무척 쉬운 행동이 아이에게는 무척 어려울 것이라고 생각하면서 말이다. 엄마가 아이의 시선으로 눈높이를 낮춘다면, 아이 스스로 집 청소를 하는 일도 대단하게 보인다. 또한 학교 등교 준비를 스스로 하고 있는 행동 또한 대단한 일처럼 느껴진다. 특히 초등학교 저학년 아이일수록 더욱 그렇다. 아이들은 엄마의 시선이 느껴지면, 더욱 열심히 한다. 지금 하고 있는 일에 최선을 다한다. 그 의미는 엄마에게 인정받고 싶다는 의미다. 지금 자신의 행동이 대단한 것임을 엄마 입 밖으로 나오는 긍정의 표현을 통해 확인받고 싶은 것이다.

그러므로 엄마는 집에서 항상 아이의 행동을 유심히 관찰해야 한다. 그리고 아이가 꾸준히 잘하고 있는 점을 찾아내야 한다. 아이 스스로 무엇인가를 꾸준히 한다는 것은 대단한 일이다. 엄마는 아이의 그런 점을 속으로만 대단하다고 여기지 말고, 그 속마음을 적극적으로 아이에게 표현해야 한다.

엄마가 아이에게 긍정의 속마음을 표현할 때는, 아주 구체적으로 말해야 한다. 아이의 시선으로 그리고 아이의 마음으로 와닿을 수 있을 만큼 아주 구체적으로 표현해야 한다. 예를 들어, 엄마가 저녁밥을 차리고 있을 때 아이가 항상 숟가락, 젓가락을 식탁에 올려준다. 엄마는 아이에게 이 행동을 계속해 달라고 요청하지 않았지만 아이는 이 행동을 매일매일 반복해서 한다. 이런 아이를 보며 엄마는 속으로 '아이고, 우리 애가 다 컸네!'라고 뿌듯해할 것이다. 하지만 중요한 것은 엄마의 속마음을 아이는 들을 수 없다. 엄마가 아이의 행동이 기특하다고 느껴도, 아이에게 표현하지 않으면 아이는 알 수 없다. 아이가 긍정적인 행동을 매일 반복하는 것은 인정받고 싶다는 의미다. 아이는 그 사소한 인정에 행복감을 느낀다. 그리고 그 행복이 아이의 자존감을 키우는 것이다.

저녁밥상을 함께 도와주는 상황에서는 "우리 ○○이가 오늘도 숟가락, 젓가락을 식탁에 올려줬구나. 우리 ○○이도 피곤할 텐데. 매일 까먹지 않고 이렇게 엄마를 도와줘서 고마워. 덕분에 엄마 할 일이 줄어들었네. 덕분에 맛있게 저녁밥 먹을 수 있겠다."라면서 엄마의 속마음을 구체적으로 표현해야 한다.

아이의 사소한 행동 하나하나에 긍정의 표현을 하자

아이 또한 아이만의 하루 일과가 있다. 그래서 아이도 저녁이면 피곤함을 느낄 수 있다. 하지만 그 피곤함을 무릅쓰고 매일 엄마를 도와준다면, 엄마는 그 점 또한 아이에게 솔직하게 표현해야 한다. 그런 아이를 기특하게 바라보는 엄마의 속마음을 적극적으로 아이에게 표현해야 하는 것이다. 평소 아이에게 이런 속마음을 잘 표현하지 않았다면 당장 한다는 게 어색할 수 있다. 하지만 어색하다는 핑계로 차일피일 미뤄서는 안 된다. 아이의 자존감은 엄마 마음먹기에 달렸기 때문이다. 엄마에게는 어색할 수 있어도, 아이에게는 엄마의 사랑이다. 엄마 또한 엄마의 속마음을 아이에게 자주 표현하면 사소한 것에도 감사함을 느끼게 된다. 아이를 칭찬하기 위해 아이의 시선으로 바라보기 때문이다. 아이의 사소한 행동 하나하나에 긍정의 표현을 한다면, 엄마 또한 삶이 감사로 느껴질 것이다. 엄마 인생의 사소한 것 모두가 감사이며 고마움이라는 것을 깨닫게 되는 것이다. 엄마 마음에 그런 생각이 든다면, 이제는 아이에게 긍정의 속마음을 표현하는 것이 전혀 어색하지 않다. 오히려 엄마의 일상이 된다. 내 아이는 늘 인정받고 싶어한다. 그리고 사소한 행동 하나하나 전부 엄마에게 칭찬받고 싶어한다. 집에서 아이가 하는 행동에는 전부 숨겨진 의미가 있다. 엄마에게 인정받고 싶다는 것, 그리고 엄마의 인정을 통해 자존감을 키우고 싶다는 것이다.

엄마에게 긍정의 말을 많이 듣는 아이 입에는 미소가 번진다. 그리고 자기 스스로를 대견하게 받아들인다. 그 대견함은 또 다른 긍정의 행동으로 이어진다. 그 사소한 행동 하나하나가 모여서 아이를 성장시키고 한 인간으로 만드는 것이다. 그렇기 때문에 엄마는 내 아이의 사소한 행동 모든 것을 유심히 관찰해야 한다. 그리고 그 사소한 모든 행동이 전부 아이의 자존감과 관련되어 있다는 것을 알아야만 한다. 엄마가 아이에게 속마음을 솔직하게 표현하는 것은 어렵지 않다.

아이의 행동을 잘 관찰하라. 그리고 그 행동에서 느껴지는 엄마의 속마음을 아주 구체적으로 표현해라. 엄마의 구체적인 표현은 아이에게 더 큰 기쁨을 준다. 그리고 그 기쁨을 통해 사랑과 행복감을 느낀다. 행복감을 자주 느끼는 아이는 자존감이 향상된다. 그리고 그 자존감을 통해 인생을 행복하게 살게 된다.

06

둘만의 긍정
비밀 언어를 만들자

엄마와 아이 단 둘만의 언어는 아이를 특별한 존재로 생각하게 한다

초등학교 1학년 담임을 맡았을 때다. 매사 모든 일을 부정적으로 바라보고 불평불만이 많은 여학생이 있었다. 그 아이는 예림이다. 예림이는 친구들과의 사이가 좋지 않았다. 하루가 멀다 하고 친구들과 싸웠다. 예림이는 친구들이 내뱉는 말에 상처를 잘 받았다. 그리고 친구들이 하는 말과 행동을 민감하게 받아들이거나 반응했다. 예림이가 공기놀이를 하고 있을 때 친구들이 그 옆을 지나가면 불같이 화를 냈다. 그리고 친구들이 이름을 부를 때 기분 나쁘게 부른다며 투덜댔다. 이렇게 매일 불평불만을 입에 달고 살았다. 나는 예림이의 학교생활이 무척 걱정됐다.

예림이 엄마는 늘 바빴다. 예림이의 오빠는 운동선수였다. 그래서 엄마는 아침부터 저녁까지 오빠 훈련 스케줄대로 움직였다. 학교 수업이 끝난 예림이도 항상 오빠가 있는 훈련소로 가야 했다. 그리고 그 곳에서 오빠의 운동이 끝날 때까지 하염없이 기다려야만 했다. 만일 오빠가 시합이 있는 날이면, 예림이는 학교에 나오지 못했다. 온 가족이 오빠의 시합이 열리는 시합장으로 갔다. 부산에서 열리면 부산으로 가고, 서울에서 열리면 서울로 가야 했다. 온 가족의 일과가 오빠를 중심으로 돌아갔기 때문에, 예림이는 소외감을 느꼈을 것이다.

초등학교 1학년 아이의 시선으로는 부모님이 오빠만 사랑한다고 느꼈을 것이다. 그런 마음이 커질수록 예림이는 자기 자신을 부정적으로 바라보고, 사랑받지 못한다고 느끼는 순간 자기 스스로를 가치 없는 존재로 여겼을 것이다. 실제로 예림이는 그랬다. 나와 대화를 나눌 때면 매번 이런 말을 했다.

"선생님, 우리 집에는 오빠만 사는 것 같아요. 매일매일 엄마 아빠는 오빠만 생각하고, 오빠 하고 싶은 거만 들어줘요."

8살 아이는 항상 감정 표현에 솔직하다. 그래서 자신이 느낀 감정을 숨김 없이 그대로 누군가에게 전달한다. 그래서 아이의 말을 들을 때마다 나는 아이가 많이 외롭다는 것을 쉽게 느낄 수 있었다. 나는 예림이 엄마에게 상담을 요청했다. 그리고 예림이의 속마음을 엄마에게 알려드렸다. 엄마 역시 잘 알고 있었다. 예림이는 엄마 앞에서 자주 울고, 자주 떼를 쓴다고 했다. 그리고 항상 "엄마는 오빠만 좋아해!"라는 말을 달고 산다고 했다. 엄마 역시 예림이를 많이 신경 쓰고 싶지만, 운동하고 있는 아들 위주로 삶이 돌아가는 것을 어쩔 수 없게 여겼다. 나는 그런 어머니께 한 가지 제안을 했다.

"어머니, 그렇다면 예림이와 엄마만 사용하는 언어를 만들어보는 게 어떨까요? 오늘 집에 가셔서, 예림이와 비밀 언어를 한번 만들어보세요. 그리고 어떤 상황에서 그 말을 쓸지도 함께 고민해보고요. 대신 그 언어를 꼭 예림이와고만 사용하세요."

어머니는 나에게 긍정의 언어를 만들겠다고 약속했다. 하지만 막상 둘만의 긍정 언어를 만들려고 하니 어머니는 많이 힘들어하셨다. 그래서 나는 긍정의 단어가 실린 '버츄 미덕 프로젝트'의 미덕 언어를 알려드렸다. 어머니는 미덕 언어를 통해 예림이와 비밀 언어를 만들겠다고 했다. 그리고 그 언어를 꾸준히 사용하겠다고 약속했다.

실제로 예림이 어머니는 1년 동안 미덕 언어를 사용했다. 그리고 엄마와의 비밀 언어를 사용했던 예림이는 몰라보게 달라졌다. 1년이 지난 뒤, 2학년으로 올라갈 때 반 친구들은 모두 예림이를 좋아했다. 불평불만을 일삼던 아이가 학급의 리더로 당당하게 변한 것이다. 예림이처럼 자기 자신을 부정적으로 바라보는 아이들에게는 무조건적인 지지가 필요하다. 그리고 아이를 있는 그대로 받아주는 것도 도움이 된다. 하지만 여기에서 그치면 안 된다. 아이 스스로 자신을 긍정적으로 바라볼 수 있게 도움을 줘야 한다. 그 도움이 바로 엄마와 아이만의 긍정 언어다. 엄마와 단 둘이서만 사용하는 언어를 만들면 아이는 특별한 감정이 생긴다. 엄마가 자신을 제 1순위로 생각한다는 특별함을 느끼게 된다. 특히 초등학교 여자아이일수록 더욱 그렇다.

엄마와 단 둘이서 긍정 언어를 만들고, 그 긍정언어를 사용할 때마다 아이는 행복을 느낀다. 그리고 그 행복함이 아이의 마음을 조금씩 변화시킨다. 스스로를 부정적으로 생각했던 마음이 서서히 긍정적인 방향으로 바뀌는 것이다.

엄마와의 긍정 언어를 사용하는 것만으로도 아이는 행복하다

우리의 뇌는 참 단순하다. 특히 아이는 더욱 그렇다. 그래서 엄마와의 긍정 언어를 사용하는 것만으로도 아이는 행복감을 느낀다. 엄마의 입에서 나온 둘 만의 언어가 아이의 뇌에 바로 행복을 주는 것이다.

둘만의 긍정 비밀 언어를 만드는 방법은 간단하다. 어떤 상황에서 어떤 말을 쓰고 싶은지 엄마와 아이가 함께 고민하고 적으면 된다. 이때는 되도록 아이의 말을 잘 들어주는 것이 좋다. 그리고 아이가 사용하고 싶은 언어를 사용하게 허용하면 된다.

엄마와 함께 고민하는 과정, 그리고 내가 원하는 언어를 엄마가 인정했다는 것은 아이에게는 큰 보람이다. 그래서 더 적극적으로 긍정적인 상황을 만들려고 노력하고, 그 비밀 언어를 엄마 입을 통해 듣고 싶어 하는 것이다.

앞서 예로 든 미덕 언어에는 긍정의 다양한 말이 있다. 그 중 '감사'를 둘 만의 비밀 언어로 사용한다면, 어떤 상황에서 '감사'라는 말을 쓸지 함께 생각한다. 상황의 기준은 아이의 눈높이여야만 한다. 아이가 해낼 수 있는 상황을 아이 스스로 생각하게끔 도와줘야 한다. 만일 아이가 "엄마, 제가 아침에 알람을 듣고 혼자서 일어나면 제게 '감사'를 써주세요."라고 제안했다면, 엄마는 아이의 그 말을 받아들이면 된다. 그리고 아이가 스스로 일어났을 때 "우리 ○○이 스스로 일어났구나. 감사해."라고 말하면 된다.

아이는 엄마의 '감사'라는 말을 듣는 순간, 엄마가 자신의 어떤 행동을 보고 그 표현을 썼는지 바로 알 수 있다. '배려'라는 단어 역시 아이에게 주도권을 주면 된다. 어떤 상황일 때 엄마가 '배려'라는 말을 사용하면 되는지 직접 물어보면 된다.

아이가 "엄마가 저녁밥을 차릴 때, 제가 도와주면 '배려'라고 해주세요."라고 했다면, 엄마는 그 상황에서 '배려'라는 말을 사용하면 된다. 처음부터 많은 긍정의 언어와 많은 상황을 만들 필요는 없다. 이렇게 아이가 한 가지 상황만 제시했더라도 엄마는 그것에 만족해야 한다. 겨우 그거 한 가지밖에 못하겠냐며 아이를 다그칠 필요가 없다. 중요한 것은 엄마와 아이 둘만의 긍정 언어를 만드는 것이기 때문이다. 그러므로 아이가 어떤 상황을 한 가지만 제안하든, 2가지를 제안하든 엄마는 그저 아이의 말을 잘 받아주면 된다. 그리고 아이가 말했던 그 상황을 엄마 머릿속에 잘 저장했다가 그 상황에 알맞은 긍정의 비밀 언어를 아이에게 말해주면 된다.

이 긍정의 비밀 언어는 아이의 자존감에 많은 영향을 준다. 엄마와 함께 비밀 언어를 만드는 과정부터 아이는 존중을 느낀다. 아이가 제시하는 모든 상황을 엄마가 받아주기 때문이다. 엄마와 함께 긍정 언어를 만들고 나면, 아이는 부지런히 실천할 것이다. 자신이 제시한 상황이기 때문에 쉽게 잊지 않을 것이다. 그리고 엄마에게 비밀 언어를 듣고 싶어서 더욱 열심히 그 상황을 만들려고 노력할 것이다. 엄마의 비밀 언어를 듣는 순간, 아이는 자신이 스스로 해냈다는 것에 큰 만족감을 느낄 것이다. 그리고 자신과 엄마만의 비밀 언어를 사용한다는 생각에 자신을 특별한 존재로 여기게 될 것이다. 그 2가지의 마음이 아이에게 자존감을 심어준다.

그만큼 아이에게는 스스로 해냈다는 만족감, 나는 특별한 존재라는 것을 자주 인식시켜줘야 한다. 그 역할은 당연히 엄마가 해야 할 몫이다. 내 아이가 유독 불평불만이 많은가? 그리고 스스로를 바라보는 마음이 부정적인가? 그럼 지금 당장 아이와 함께 둘만의 긍정 언어를 만들어라. 엄마가 그 언어를 사용할 때마다, 아이가 몰라보게 달라지는 것을 느낄 것이다.

- 11 -
아이의 학교생활이 궁금한데, 아이가 전혀 학교생활을 이야기하지 않아요. 어떻게 해야 할까요?

학교생활을 어떻게 하는지 엄마에게 이야기하지 않는 아이들이 종종 있습니다. 그래서 학부모 상담을 할 때면 대부분의 엄마는 "우리 아이가 학교 이야기를 전혀 안 해요."라면서 속상해하십니다. 일단 담임 선생님께서 아이의 학교생활을 긍정적으로 이야기하고 있다면 아이를 믿고 기다리면 됩니다. 그리고 아이에게 학교생활을 잘하고 있다는 것을 칭찬하면 됩니다. 아이들은 제삼자가 자신을 칭찬해준 것을 듣는 것을 무척 좋아합니다. 그래서 엄마가 직접 "우리 ㅇㅇ이 학교생활 잘하고 있네. 잘했어."라고 칭찬하는 것보다, "오늘 우리 ㅇㅇ이 담임 선생님께서 엄마한테 전화했어. 우리 ㅇㅇ이가 학교생활을 엄청 잘한다네. 친구들도 잘 챙겨주고! 진짜 대단해. 엄마는 그런 줄도 몰랐어." 이런 식으로 제삼자가 칭찬한 것을 전달하는 것처럼 이야기하면 아이들은 더욱 좋아합니다. 그리고 엄마가 먼저 아이에게 자주 엄마의 하루 일과를 이야기하면 됩니다. 매일매일 엄마가 먼저 이야기를 하게 되면, 나중에는 아이도 엄마와의 대화 시간을 즐기게 됩니다. 그리고 대화 시간을 즐기면서 아이 또한 저절로 엄마에게 학교생활을 이야기하게 됩니다. 평소 학교생활을 이야기하지

않았던 아이가 이야기를 꺼내면 그 타이밍을 잘 맞춰서 칭찬하면 됩니다. 반복

하다 보면 아이는 엄마에게 더 많은 학교생활을 들려줄 것입니다.

07

항상 아이의 이름을
친근하게 부르자

감정에 동요되지 않고 아이의 이름을 항상 일관성 있게 부르자

초등학교 교실에서 아이들이 제일 많이 듣는 말이 있다. 바로 자신의 '이름'이다. 이름은 곧 아이의 자존감이다. 자기 정체성이다. 그래서 아이에게는 자신의 이름이 그만큼 중요하다. 아이는 누가 자신의 이름을 어떤 표정과 어떤 억양으로 부르는지 관찰한다. 그리고 그 사람의 억양과 말투, 표정 등을 통해 자기 스스로를 어떤 사람인지 평가하는 것이다. 밝은 미소와 함께 따뜻한 눈빛으로 아이의 이름을 부르면 아이는 행복하다. 자신이 사랑받을 가치가 있는 사람이라고 생각한다.

반면에 찡그린 표정, 잔뜩 화가 난 말투로 부르면 아이는 기가 죽는다.

이런 상황이 반복되면 아이는 자꾸 주변 눈치를 살피게 된다. 그리고 점점 아이는 자기 스스로를 이렇게 바라본다. 자신은 사랑받을 만한 가치가 없는 존재라고 말이다.

현재 나는 '한책협'의 대표로서 성인 책 쓰기 과정을 운영하지만, 과거에는 초등학생을 대상으로 독서 논술을 지도한 경험이 있다. 과거, 초등학교 5학년 독서 논술 수업을 했을 때의 일이다. 유독 '야'라는 말에 민감하게 반응하는 남학생이 있었다. 친구들이 그 아이를 향해 '야'라고 부를 때마다, 그 아이는 불같이 화를 냈다. 현수는 유독 '야'라는 말을 싫어했다. 대신 아이는 '야'라는 말이 아닌 '현수야'라는 자신의 이름을 듣고 싶어 했다.

현수는 3형제 중 둘째였다. 현수의 형은 6학년, 현수의 동생은 4학년이었다. 현수 엄마는 아이들에게 이름 대신 '야'라는 말을 자주 사용했다. 남자아이들은 타고난 말썽꾸러기이다. 여자인 엄마 눈에는 그렇게 보인다. 그래서 가끔씩 엄마는 아들들의 행동이 이해되지 않을 때가 있다. 아들만 셋이다 보니 현수 엄마는 점점 조교로 변했을 것이다. 좋게 타이르고 말해서는 아들들이 엄마 말을 듣지 않기 때문이다. 그래서 현수 엄마는 아이들이 말을 듣지 않을 때마다 '야'라는 말을 자주 사용했을 것이다. 실제로 현수 엄마는 그랬다. 현수는 엄마가 자신을 향해 "야"라고 소리치는 게 세상에서 제일 듣기 싫은 소리라고 말했다. 엄마의 그 외침이 자신을 무시하는 소리처럼 들린다고 했다. 무시하는 외침이 많을수록 현수의 자존감은 많이 무너졌을 것이다.

엄마는 화가 나면 자기도 모르게 아이에게 "야"라는 말을 내뱉게 된다. 그리고 말과 동시에 엄마의 화난 감정을 그대로 표출한다. 온몸을 활용해서 말이다. 아이는 자신의 이름이 아닌 '야'라는 말을 듣는 순간 긴장하게 된다. 그리고 그 상황을 빨리 벗어나고 싶어 한다. 엄마가 무엇 때문에 화가 났는지, 자신이 무엇을 잘못했는지 스스로 생각할 겨를도 없이 그 상황을 부정하게 된다. 그리고 엄마가 내게 했던 말 중 유일하게 기억나는 말은 '야'라는 말이다. 엄마의 '야'라는 외침이 아이에게는 이름을 부정한 것과 똑같다. 그리고 그 감정은 아이의 자존감에 큰 상처를 준다. 그 상처는 아이의 자존감을 무너뜨린다. 무너뜨린 횟수가 늘어날수록 아이는 자신을 소중하게 생각하지 않는다. 점점 스스로를 부정적으로 바라보고, 자신을 믿지 못하게 된다.

자신을 믿지 못하는 아이는 자존감이 많이 낮은 아이다. 이런 아이들은 유독 축 처져 있다. 그리고 어떤 행동 하나하나 자신감 있게 행하지 못한다. 아이 마음에 '과연 내가 잘해낼 수 있을까?'라는 의구심이 먼저 생기기 때문이다. 단지 엄마가 아이의 이름을 친근하게 부르지 않았을 뿐인데, 그 영향은 아이에게 나비 효과처럼 엄청난 영향을 준다. 그렇기 때문에 엄마는 늘 일관성 있게 아이의 이름을 불러야 한다. 화가 나는 상황에서도 아이의 이름을 친근하게 불러야 한다. 엄마가 화가 났다는 이유로 아이를 향해 '야' 또는 '너'라는 말을 사용하지 않아야 한다. 그리고 기분이 좋을 때도 마찬가지다. 그 상황 역시 아이의 이름을 친근하게 불러야 한다. 아이에게 이름은 곧 자기 자신이기 때문이다.

아이는 엄마가 자신을 어떻게 부르는지에 따라서 자기를 평가한다. 긍정적으로 평가할 수도 있고 부정적으로 평가할 수도 있다. 그러므로 엄마는 항상 아이의 이름을 친근하게 불러야 한다. 특히 자존감이 낮은 아이는 더욱 그렇다.

자존감이 낮은 아이는 자기 스스로를 사랑받지 못하는 존재라고 여긴다. 그리고 자기를 쓸모없는 존재라고 여긴다. 만일 아이가 자주 축 처져 있다면, 엄마는 항상 아이의 이름을 친근하게 불러야 한다. 엄마의 친근한 부름을 아이는 "너는 사랑받을만한 가치가 있는 존재야."라는 말로 느낀다. 단지 친근하게만 부르지 말고, 미소와 함께 표정 또한 아이를 향해 따뜻한 시선을 보낸다. 그리고 엄마의 몸 또한 아이를 향하면 더욱 많은 도움이 된다. 아이가 평소 자신을 부정적으로 여기는 말을 5번 한다면, 엄마는 아이의 이름을 10번 부르면 된다. 아이가 부정적인 생각을 조금씩 없앨 수 있도록, 엄마가 친근하게 아이의 이름을 부르는 것이다.

아이의 이름을 친근하게 부르는 것이 곧 대화의 시작이다

한 가족 구성원은 모두 동등한 존재다. 나이와는 아무런 상관이 없다. 모두 가정이라는 울타리 속에서 함께 생활하고 있는 구성원이다. 그러므로 아이가 엄마보다 어리다는 이유로 아랫사람 취급을 당해서는 안 된다.

엄마 역시 아이를 동등한 구성원으로 존중하고 인정해야 한다. 그 시작은 아이의 이름 부르기다. 아무것도 아닌 일처럼 보이는 이 부름이 내 아이에게는 자존감이다. 엄마의 친근한 부름을 많이 들은 아이일수록 미소가 번진다. 그 미소는 아이의 자존감에 많은 영향을 준다. 그리고 자기 스스로를 긍정적인 존재로 평가한다. 이렇게 아이를 향한 친근한 이름 부르기는 곧 아이와의 긍정적인 대화를 열어준다. 엄마와 대화를 많이 한 아이일수록 자존감이 향상된다. 그리고 아이에게 닥칠 사춘기도 무난하게 넘길 수 있다.

엄마와 아이와의 대화는 중요하다. 특히 초등학교 시기는 더욱 그렇다. 초등학교 시기는 아이의 자존감이 형성되는 시기다. 아이의 자존감은 스스로 생기지 않는다. 누군가를 통한 평가, 특히 가장 가까운 엄마의 영향을 많이 받는다. 엄마가 아이를 향해 "야"라고 외치는 순간 아이 마음의 문은 닫힌다. 아이 마음은 엄마와 대화를 나누고 싶어 하지 않는다. 그래서 '야'라는 외침 뒤의 엄마의 말은 한 귀로 듣고 한 귀로 흘리게 된다. 대충 "네."라고 말하거나 "알겠어요." 하고는 방으로 들어가 버린다.

이런 상황을 많이 겪은 엄마는 아이가 사춘기가 되면 무척 힘들어한다. 엄마와의 대화를 거부하기 때문이다. 그때서야 엄마는 이렇게 생각한다. '다른 아이들은 사춘기를 잘 넘긴다는데, 우리 아이는 왜 이러지?' 엄마는 아이에게 '야'라고 외쳤던 스스로의 모습을 생각하지 못한다. 그리고는 이렇게 아이를 탓하며 속으로 생각하고 있는 것이다. 그러므로 엄마는 어떤 상황에서도 아이의 이름을 친근하게 불러야 한다. 엄마가 화가 났을 때도 아이의 이름을 친근하게 부르면, 아이는 엄마의 말을 귀담아듣는다. 그리고 엄마가 무엇 때문에 화가 났는지 진지하게 듣는다. 들으면서 자신이 잘못한 점이 무엇인지 스스로 고민하고 생각하게 된다. 그리고 해결해야 할 점이 있다면 스스로 해결하려고 노력한다. 이 과정에서 아이는 자존감이 생기는 것이다.

그러므로 엄마는 엄마가 기쁠 때만 아이의 이름을 친근하게 부르지 말고, 화가 나는 상황에서도 아이의 이름을 친근하게 불러야 한다. 그리고 엄마의 속마음을 아이에게 털어놔야 한다. 아이의 이름을 부르는 것이 곧 아이와의 대화의 시작임을 잊어서는 안 된다.

　우리 모두 태어남과 동시에 이름을 갖는다. 그 이름은 곧 나의 정체성
이다. 특히 자존감을 형성하는 초등학생 아이는 더욱 그렇다. 엄마 스스
로 아이의 이름을 빛내야 한다. 엄마가 아이의 이름을 친근하게 부를수
록 아이는 사랑받는 존재임을 느낀다. 그리고 엄마와의 대화를 즐긴다.
그러므로 엄마는 항상 아이의 이름을 친근하게 부르도록 하자.

08

아이의 말에
긍정의 피드백을 주자

긍정의 피드백은 아이 스스로 해낼 수 있는 자신감을 심어준다

"선생님, 그림 그릴 때 도화지를 가로로 해야 해요, 아니면 세로로 해야 해요?"

"선생님, 여기 꽃 색칠할 때 노란색으로 색칠해도 돼요?"

"선생님, 이 부분 틀렸으니까 밑줄 긋고 그 밑에다가 다시 써도 돼요?"

"선생님, 이 부분은 색연필로 색칠해도 돼요?"

"선생님, 지금 공책 정리하는 거 종합장에 적어도 돼요?"

무슨 활동을 할 때마다 유독 세세하게 질문하는 아이들이 있다. 이 아이들은 한 단계 한 단계 넘어가는 것을 무척 힘들어한다. 틀릴까 봐 노심

초사하고, 선생님께 꾸중을 들을까 봐 걱정을 한다. 그래서 한 단계 넘어갈 때마다 선생님인 내게 와서 질문한다. 그리고 허락을 받으면 그때서야 그다음 단계로 넘어갈 준비를 한다.

반면에 무슨 활동을 하던지 자신감 있게 해내는 아이들이 있다. 그 아이들은 굳이 도화지 사용법에 대해 질문하지 않는다. 자신이 가로로 사용하고 싶다면 가로로 사용한다. 그리고 세로로 하고 싶다면 세로로 사용한다. 그림을 색칠할 때도 자신이 원하는 색으로 색칠한다. 그리고 글씨를 틀렸다면, 알아서 수정하고 내게 검사를 받는다.

이 두 성향의 아이들의 차이점은 무엇일까? 바로 피드백이다. 한 단계, 한 단계 넘어가는 것을 힘들어하는 아이들은 엄마에게 긍정의 피드백을 많이 받지 못한 아이들인 경우가 많다. 엄마에게 긍정의 피드백보다는 부정정인 피드백을 많이 받은 것이다. 그래서 이런 아이들은 스스로 무엇인가를 해내기 전에 꼭 '확인'이라는 절차를 밟으려고만 한다.

집에서는 엄마에게, 그리고 학교에서는 선생님께 확인을 받고 싶은 것이다. 그래서 확인을 받지 못하면 아이는 자신감 있게 일을 해내지 못한다. 그리고 활동을 하고 있는 과정 중에도 계속 실수를 할까 봐 걱정한다. 하지만 평소 엄마에게 긍정의 피드백을 잘 받은 아이들은 무엇을 하든지 자기 스스로를 믿는다. 그리고 선생님인 내게 다가와 질문하지 않는다. 굳이 내게 질문을 하지 않아도, 스스로 해낼 수 있기 때문이다. 이런 유형의 아이들은 스스로의 힘으로 과제를 해결한 후, 다 된 작품만 내게 보여주는 것이다.

엄마가 아이에게 어떤 피드백을 주는지에 따라 아이의 행동은 이렇게 달라진다. 예를 들어 A, B 라는 아이가 문제집을 풀고 있다고 가정해보자. A 엄마와 B 엄마 모두 두 아이의 공부를 봐주고 있다. 그리고 A, B 아이 모두 똑같은 문제를 틀렸다. 문제를 틀린 후, 두 아이는 각자의 엄마에게 이렇게 똑같은 말을 했다.

"도대체 왜 이 어려운 문제를 풀어야 해요?"

이 말을 들은 A 엄마는 아이에게 이렇게 말했다.

"너 어제도 이 문제 틀렸잖아. 그리고 왜 풀어야 되냐고? 너 지금 엄마한테 반항하는 거야?"

B 엄마는 아이에게 이렇게 말했다.

"우리 B가 이 문제를 풀기가 어려웠구나. 오늘 조금 더 공부하고 내일 엄마랑 다시 도전해보자."

만일 이 글을 읽고 있는 당신이 A, B라는 아이라면 어떤 엄마와 계속 대화를 나누고 싶은가? 그리고 어떤 엄마가 아이에게 긍정의 피드백을 줬다고 생각하는가? 바로 B다. 두 아이 모두 똑같은 질문을 했지만 두 엄마의 반응은 전혀 달랐다. A 엄마는 아이의 말에 부정적인 피드백을 줬다. 그리고 아이의 그 질문이 엄마를 향한 반항이라고 말했다. 이 말을 듣고 난 후, 아이는 무척 속상했을 것이다. 아이는 진심으로 문제가 어려웠기 때문에 왜 풀어야 하는지 그 이유를 듣고 싶었기 때문이다.

그런 아이를 향해 엄마는 비난의 피드백을 보냈다. 그다음 날 이 아이가 엄마 앞에서 똑같은 문제를 푼다면 잘 풀 수 있을까? 아마 잘 풀지 못했을 것이다. 아이는 문제를 보자마자 엄마의 부정적인 피드백이 떠올랐을 것이다. 그리고 그 똑같은 문제를 틀리면, 또다시 엄마에게 비난을 받는다는 것을 느꼈을 것이다. 그 마음이 아이를 주눅 들게 만들고 아이의 마음에 긴장을 심어줄 것이다. 이런 상황이 반복되면 아이는 건강한 자존감을 만들 수 없다. 끊임없이 엄마의 눈치를 살펴야 하기 때문이다.

부정적인 피드백을 받을수록 아이는 스스로를 믿지 못할 것이다. 그리고 무슨 행동을 할 때마다 엄마의 눈치를 살필 것이다. 그게 쌓이고 쌓일수록 아이의 자존감은 무너질 것이다. 그리고 그 무너진 자존감이 아이 스스로 해낼 수 있는 힘을 만들지 못하게 방해할 것이다. 하지만 B 엄마는 달랐다. 아이가 어려워하는 문제에 진심으로 공감했다. 그리고 함께 공부하자는 긍정의 피드백을 보냈다. 이 긍정의 피드백은 아이에게 도전 정신을 심어준다. 그리고 어렵게 느껴졌던 문제가 아이에게는 곧 해결되지 않은 문제로 남겨지는 것이다. 해결되지 않은 문제는 아이의 머릿속에 맴돌게 된다.

그리고 스스로 꼭 해내고 싶은 강한 욕구를 불러일으킨다. 그래서 그 다음 날이 되면 B는 먼저 엄마에게 문제를 풀자고 제안했을 것이다. 그리고 엄마의 눈치를 살피지 않았을 것이다. 자기 스스로 문제에 대한 정답을 찾기 위해 궁리했을 것이다. 그 궁리 끝에 결국 그 문제를 맞힐 것이다.

아이의 모든 말과 행동에 긍정의 피드백을 주자

이처럼 아이에게 긍정의 피드백을 주는 것은 매우 중요하다. 긍정의 피드백을 주는 것은 아이에게 자존감의 씨앗을 뿌려주는 것이다. 자존감은 아이가 거침없이 스스로 해내는 자신감을 주기도 한다. 긍정의 피드백을 받은 아이는 누군가의 눈치를 살피지 않는다. 오직 자기 스스로를 믿고 어떤 일이든 자신감 있게 해내는 것이다. 그래서 그 자신감이 아이를 위축되지 않게 만든다. 그래서 무슨 일이든 스스로 해내고 싶은 강한 열망을 만들어주는 것이다.

아이를 향한 피드백은 매우 중요하다. 특히 초등학교 시기는 더욱 그렇다. 아이가 초등학생일수록, 엄마는 아이의 모든 행동과 말에 긍정의 피드백을 줘야 한다. 그래야만 아이는 스스로 일어설 수 있는 힘을 받을 수 있다. 그 힘이 생길 때마다 아이는 점점 스스로 해낼 수 있는 일이 많아진다. 그리고 스스로 해낼 수 있다는 강한 자긍심을 갖게 된다. 그 과정에서 아이는 독립적인 인간으로 성장하게 되고, 아이의 내면은 건강해지는 것이다.

우리는 모두 스스로 해낼 수 있는 존재다. 결코 누구의 눈치를 봐서는 안 된다. 특히 엄마의 눈치를 살피며 자라는 아이는 건강한 자존감을 만들 수 없다. 내가 아이에게 긍정의 피드백을 얼마나 하는지 생각해보자. 그리고 우리 아이가 무슨 일을 할 때마다 얼마나 자신감 있게 해내는지 지켜보자. 초등학생 아이는 이 험난한 세상을 헤쳐 나가고 있는 미성숙한 존재다. 오직 엄마의 긍정적인 피드백만이 아이가 이 험난한 세상을 잘 헤쳐 나갈 수 있게 도와준다는 것을 잊지 말자.

09

엄마의 생각을
아이에게 자꾸 표현하자

내 아이는 학교에서 자신의 생각을 얼마나 잘 표현할까?

초등학교 4학년 교실이다. 민준이라는 아이는 친구들 사이에서 인기가 많다. 그만큼 민준이는 친구들에게 배려를 많이 한다. 그리고 양보도 많이 한다. 무슨 활동이든 재미있고 즐겁게 잘하며, 친구들을 웃기게 만드는 능력 또한 뛰어났다.

그래서 모두 우리 교실의 마스코트로 민준이를 꼽았다. 그랬던 민준이가 어느 날 지혜와 싸움을 했다. 한 번도 싸움이라는 것을 한 적이 없던 민준이가 싸움이라니? 나는 의외였다. 그래서 민준이를 불러서 자초지종을 물었다.

"민준아, 왜 지혜랑 싸웠어? 무슨 일 있었니?"

"선생님, 실은 제가 오늘 감정 조절을 잘 못했어요. 오늘 아침에 엄마에게 꾸지람을 들어서 기분이 좋지 않았거든요. 그런데 지혜가 오늘따라 저를 자꾸 놀리더라고요. 평소 같았으면 아무렇지 않았을 거예요. 하지만 오늘은 이미 아침에 제 마음이 안 좋아서, 저도 모르게 그 감정을 지혜에게 풀어버린 것 같아요."

나는 민준이의 말에 무척 놀랐다. 4학년 남자아이답지 않게 민준이는 자신의 생각을 나에게 정확하게 표현했다. 그 어떤 오해의 소지도 없이 말이다. 자신이 아침에 무슨 일이 있었는지, 그리고 그 일로 인해 어떤 기분이 들었는지를 구체적으로 말했다. 그 후, 그 감정으로 인해 지혜의 행동에 화가 났다는 말까지 덧붙였다. 남자아이들은 대부분 자신의 생각을 단순하게 표현하는 편이다. 그래서 누군가와의 싸움이 발생했을 때, 담임 선생님이 자초지종을 물으면 대부분 이렇게 대답한다.

"지혜가 저를 놀렸어요. 그래서 싸웠어요."

이렇게 대답한 남자아이 또한 이미 다른 일로 감정이 상했을 수 있다. 민준이처럼 말이다. 하지만 그 감정에 대한 자신의 생각을 담임 선생님께 잘 표현하지 못한다. 그래서 그 한 문장의 대답만 들은 담임 선생님은 그 아이의 마음을 정확하게 알지 못하게 된다. 그래서 싸운 행동에만 초점을 맞추게 되고, 싸움이 있기 전까지 아이가 무슨 일로 왜 기분이 나빴는지 모르게 되는 것이다. 나는 민준이가 어쩜 그렇게 자신의 생각을 잘 표현하는지 궁금했다. 그리고 그 궁금증은 쉽게 해결됐다.

민준이 엄마는 나에게 고마운 일이 생길 때마다 문자, 혹은 전화를 했다. 그리고 나에게 엄마의 생각을 분명하게 말했다. 아주 구체적으로 말이다. 그 덕분에, 나 또한 민준이 엄마의 전화를 받으면 기분이 좋았다. 그리고 장문의 문자 메시지를 받을 때마다 교사로서 뿌듯함을 느꼈다.

예를 들어, 수행 평가 시간이 다 끝났는데도 민준이가 미처 그걸 해결하지 못했다. 민준이는 담임 선생님인 나에게 조금 더 시간을 달라고 요청했다. 나는 점수와는 상관없이 아이의 그런 태도가 무척 보기 좋았다. 끝까지 문제를 해결하려고 노력하는 모습 또한 아이의 자존감에 긍정적인 영향을 미치기 때문이다. 민준이는 점수와는 상관없이 수행 평가를 무사히 다 마쳤다. 그리고 그날 저녁, 민준이 엄마에게서 문자 메시지가 왔다.

"선생님, 오늘 우리 민준이가 수행 평가를 시간 안에 못 끝냈다고 들었습니다. 그래도 과제를 끝낼 수 있는 시간을 주셔서 진심으로 감사합니다. 그 덕분에 민준이는 과제를 해결할 수 있었습니다. 시간이 걸리더라도 끝까지 해낸 민준이의 모습을 보고 저 역시 많은 칭찬을 했습니다. 선생님 감사합니다."

엄마의 생각을 자주 표현할수록 아이의 자존감은 향상된다

이렇게 민준이의 엄마는 항상 구체적인 상황, 그리고 그 상황을 통해 민준이 엄마가 어떤 기분을 느꼈는지 솔직하게 표현했다. 엄마가 항상 자신의 생각을 아이에게 자꾸 표현하니, 민준이 또한 학교에서의 일을 엄마에게 자주 말했을 것이다. 그래서 엄마는 항상 학교에서 민준이에게 어떤 일이 생겼는지 금방 알 수 있었다. 그리고 민준이의 행동에 대한 엄마의 생각을 아이에게 항상 표현했다. 그 표현은 민준이에게는 곧 엄마의 사랑이다. 엄마가 아이에게 엄마 생각을 자주 표현하면 아이는 그것을 자신을 그만큼 사랑하고 존중하고 있다는 의미로 받아들인다. 이처럼 엄마의 솔직한 표현은 아이에게는 긍정의 의미다. 엄마의 생각을 읽을 수 있기 때문이다. 그리고 아이는 엄마의 생각을 듣고, 엄마가 어떤 상황에서 어떤 기분을 느끼는지 구체적으로 파악할 수 있다.

초등학교 시기는 엄마의 사랑을 받고 싶은 시기다. 그리고 엄마에게 존중받고 싶은 시기다. 그런 마음과 엄마의 행동이 일치할 때, 아이의 자존감은 향상한다. 엄마의 생각을 아이에게 자주 표현할수록, 아이의 자존감은 계속 향상되는 것이다. 그러므로 엄마는 아이에게 자주 엄마의 생각을 표현해야 한다. 초등학생 아이는 아직 감정적으로 성숙하지 못하다. 그래서 엄마가 어른의 언어로 엄마 생각을 표현하면, 아이는 잘 이해하지 못할 수 있다. 따라서 엄마의 생각을 아이에게 잘 전달하려면 엄마는 모든 상황과 엄마의 생각을 구체적으로 표현해야 한다.

감정 표현을 잘하지 않았던 부모님 밑에서 자란 엄마는 아이에게 엄마의 생각을 표현하는 것이 어려울 수 있다. 이럴 때는 아이에게 메시지 대화법을 활용하는 것이 효과적이다. 이 메시지 대화법은 직장을 다니는 엄마에게는 특히 효과적이다. 직장을 다니는 엄마는 야근을 하는 날이면 아이를 보지 못할 수도 있다. 그래서 이렇게 메시지를 통해 엄마의 생각을 아이에게 자주 표현하는 것이다.

이 방법을 활용하기 위해서, 엄마는 아이의 하루 일과를 정확하게 파악해야 한다. 아이의 하교 시간, 아이의 방과 후 끝나는 시간, 학원 끝나는 시간 등이다. 그리고 그 시간에 맞게 엄마가 아이에게 메시지를 보내는 것이다. 예를 들어, 아이가 하교하는 시간이라면 엄마는 그 시간에 맞게 메시지를 보낸다. "ㅇㅇ이 이제 학교 수업 끝났겠구나. 오늘도 학교생활 하느라 고생했어. 엄마는 오늘 해결해야 할 일이 5개나 있네. 힘들지만 엄마도 잘 이겨낼게! 힘내서 방과 후 수업 가렴." 그리고 아이의 방과 후 수업이 끝날 시간이 되면 엄마는 또다시 메시지를 남긴다. "ㅇㅇ이 방과 후 수업 끝났어? 엄마도 5개 일 중에 2개를 끝냈어. 이제 3개만 하면 돼. 엄마가 어제 저녁에 너무 늦게 잤는지 오늘따라 유독 피곤하다." 엄마가 아이에게 메시지를 남길 때마다 아이는 엄마의 생각을 읽는다. 엄마의 말이 아닌 엄마의 글로 말이다. 그리고 아이는 엄마의 메시지를 읽을 때마다, 비록 엄마와 떨어져 있어도 엄마가 항상 나를 생각한다는 마음을 품게 된다. 그리고 그 마음은 엄마가 항상 나를 사랑하고 있다는 포근함으로 연결된다. 그 포근함이 내 아이의 자존감을 키우고, 아이를 행복하게 만들어주는 것이다.

행복한 아이로 성장하기 위해서는 아이의 자존감이 건강해야 한다. 그리고 건강한 자존감은 항상 엄마의 손에 달려 있다. 초등학생 시절, 아이들은 엄마가 자신을 어떻게 생각하는지 무척 궁금해한다. 그래서 엄마의 생각을 항상 듣고 싶어 한다. 엄마의 생각을 자주 듣는 아이는 엄마의 사랑을 느낀다. 그리고 그 사랑 덕분에 아이의 자존감이 무럭무럭 잘 자라는 것이다. 그러므로 오늘부터 아이에게 적극적으로 마음을 표현하는 엄마가 되자.

- 12 -

우리 아이는 정리 정돈을 전혀 안 해요.
제가 계속 해줘야 할까요?

학교에서 정리 정돈을 잘하는 아이가 집에서는 전혀 정리 정돈을 안 하기도 합니다. 그런 아이의 경우 담임 선생님이 학교에서의 모습을 엄마에게 들려주면 엄마는 무척 놀랍니다. 집에서는 전혀 정리 정돈을 하지 않는다고 하면서 말입니다. 학교에서 정리 정돈을 잘하는 아이가 집에서 하지 않는 이유는 규칙이 없거나 자신이 정리 정돈을 하지 않아도 엄마가 대신 해줄 것이라는 것을 알고 있기 때문입니다. 집에서도 정리 정돈을 잘하는 아이로 키우고 싶다면 엄마는 아이와 함께 규칙을 만들면 됩니다. 정리 정돈과 관련된 규칙을 함께 만듭니다. 아이가 스스로 정리 정돈을 해야 할 부분을 엄마와 아이가 함께 정합니다. 그리고 아이 스스로 정리 정돈한다고 약속한 부분을 잘 지키면 엄마는 아이에게 칭찬을 합니다. 아이가 정리 정돈을 하겠다고 마음먹기까지의 과정, 그리고 아이가 직접 정리 정돈 한 후의 결과까지 함께 칭찬합니다. 엄마 마음에 들지 않았어도 정리 정돈을 한 행동 자체를 자주 칭찬하면 됩니다. 아이들은 칭찬을 먹고 자랍니다. 그리고 엄마의 칭찬을 제일 좋아합니다. 아이가 정리 정돈을 할 때마다 엄마가 칭찬을 해준다면, 나중에는 스스로 정리 정돈을

하겠다는 부분이 더 많이 늘어날 것입니다. 그러므로 엄마는 아이를 믿고 지켜

봐주면 됩니다.

4 장

야단치지 않고 아이를 변화시키는 비결

과거의 행동까지 끄집어서
아이를 야단치지 말자

아이가 지금 실수한 행동만을 바라보자

일주일 전의 일이다. 엄마는 빨래를 개고 있었다. 그리고 그 옆에 앉아 있는 태현이는 엄마를 돕고 싶어 한다. 그래서 엄마가 예쁘게 갠 빨래를 서랍에 넣으려고 한다. 엄마에게 깜짝 선물을 주고 싶은 아이는 엄마 몰래 빨래를 들었다. 하지만 그 순간, 아이가 들고 있던 빨래가 바닥에 나뒹굴었다. 그리고 예쁘게 갠 빨래들이 한꺼번에 엉켜버렸다. 이 모습을 본 엄마는 화가 났다. 그리고 태현이를 향해 야단을 쳤다.

"엄마가 애써서 빨래를 다 갰는데, 너 그게 뭐야? 왜 난장판을 친 거야?"

엄마는 태현이의 속마음을 모른다. 태현이 역시 엄마의 야단에 그만 풀이 죽어버렸다. 그래서 자신이 왜 빨래를 들었는지 엄마에게 설명하지 않고 방으로 들어가버린다. 엄마를 도와주려던 아이 마음에 상처가 났다. 그리고 자존감에도 상처가 났다. 그리고 며칠이 지났다. 태현이 엄마는 오늘도 정성스럽게 빨래를 개고 있다. 태현이는 지난번 실수가 떠올랐다. 그래서 오늘은 완벽하게 엄마를 돕고 싶었다. 이번에는 해낼 수 있다는 자신감이 있었다.

엄마가 잠시 한눈을 판 사이, 태현이는 빨래를 들었다. 하지만 이번에도 실패했다. 또 다시 빨래들이 와르르 쏟아졌다. 빨래가 쏟아지는 소리에 엄마의 눈길은 태현이를 향했다. 그리고 붉으락푸르락 화가 잔뜩 난 얼굴로 태현이를 바라봤다. 그리고 태현이를 향해 말했다.

"야, 너 진짜 왜 그래? 너 저번에도 엄마 빨래 갤 때 그랬잖아. 그런데 이번에도 또 그래? 그리고 너 방 청소 했어, 안 했어? 또 안 했지? 저번에도 엄마가 해놓으라니까 안 했잖아. 너 엄마가 고생하는 거 보고 싶어서 그래? 도대체 누구를 닮아서 저런 가 몰라. 너 때문에 엄마가 다시 빨리 개야 하잖아. 들어가서 청소나 해!"

태현이 엄마는 태현이의 지난번 행동까지 들먹이며 아이를 야단쳤다.

그리고 빨래와는 상관없는 청소까지 들먹이며 아이를 야단쳤다. 태현이는 문득 지난번 일이 떠올랐다. 그리고 이번에도 자기 마음을 읽지 못하는 엄마에게 서운했다. 그리고 엄마가 미웠다. 태현이는 엄마를 다시는 돕지 않겠다고 다짐하고 방으로 들어가버렸다. 태현이는 무척 속상했을 것이다. 엄마가 과거의 일까지 들먹이며 아이를 야단쳤기 때문이다. 엄마의 야단은 태현이에게는 큰 상처가 됐다. 그리고 태현이는 엄마의 말을 듣고, 지난번 실수했던 일까지 떠올랐다. '왜 이렇게 나는 잘하는 게 없을까?'라는 생각까지 하게 됐다. 그리고 엄마와 대화하고 싶은 마음이 사라졌다. 엄마를 열심히 돕고 싶었던 아이가 이제는 엄마와 이야기를 나누고 싶지 않게 된 것이다. 물론 엄마 입장에서는 화가 났을 수도 있다. 애써 열심히 갠 빨래가 태현이의 실수로 망가졌기 때문이다. 하지만 엄마의 꾸짖음은 잘못됐다. 과거에 태현이가 똑같은 실수를 했어도, 엄마는 지금 태현이의 행동만 바라보며 야단쳐야 했다.

과거 내가 초등학교 3학년 아이의 독서 논술을 지도할 때, 내 수업을 듣던 태현이가 활동지에 적은 내용이다.

초등학교 3학년 남자아이들은 대부분 손끝이 야무지지 못하다. 그래서 엄마가 생각하는 것보다 더 많은 실수를 저지르기도 한다. 태현이의 마음은 항상 엄마를 돕고 싶었다. 하지만 유독 야무지지 못한 손끝이 늘 결과를 좋지 않게 만들었다.

엄마는 그런 아이의 마음을 잘 읽지 못했다. 그래서 태현이가 실수를 할 때마다 태현이의 행동을 나쁘다고 판단했다. 엄마의 그 판단은 항상 아이를 향한 꾸짖음으로 변했다. 꾸짖음과 동시에 태현이가 저질렀던 과거의 행동까지 들먹였다.

태현이는 자신의 마음을 알아주지 않는 엄마가 미웠다. 그리고 과거의 일까지 들먹이는 엄마를 더 이상 돕고 싶지 않았다. 그래서 아이는'더 이상 엄마를 돕지 않겠다'는 강한 메시지를 남긴 내용을 써서 내게 보여준 것이다.

지혜롭고 현명한 엄마는 무조건 아이를 야단치지 않는다

엄마가 아이를 야단칠 때 과거의 일까지 끄집어내서 말해서는 안 된다. 엄마 입장에서는 과거의 언급이 아이를 위한 훈육이라고 생각하지만 그 생각은 잘못된 생각이다. 아이는 엄마의 말을 훈육으로 받아들이지 않는다. 엄마가 자신의 과거의 일까지 들먹이며 혼낸다면, 아이는 엄마가 자신을 공격하고 있다고 생각한다. 그리고 그 자리에서 강한 수치심을 느낀다. 그 수치심이 쌓일수록 엄마를 바라보는 시선은 곱지 않다. 시선이 곱지 않다는 말은 엄마를 향한 강한 적대감이 생길 수 있다는 것이다.

　엄마와의 관계가 바람직하지 않은 아이는 절대로 강한 자존감이 생기지 않는다. 그리고 곧, 엄마를 향했던 적대감은 화살처럼 자기를 향하게 된다. 그 화살이 자기를 향한 시선을 부정적인 눈으로 바라보게 만든다. 자기를 부정적으로 생각하는 아이는 건강한 마음으로 자라지 못한다.

　초등학생 아이들은 자존감을 형성하고 있는 시기다. 그리고 그 자존감이 아이의 제2의 성격이 되기도 한다. 그러므로 엄마는 아이를 야단칠 때 현명하게 야단쳐야 한다. 지금 내 눈앞에 벌어진 아이의 행동, 오직 그것 하나만 바라봐야 한다. 그리고 아이의 그 행동에 대해서만 엄마의 생각을 말해야 한다. 지금 현재 벌어진 일과는 상관없는 이야기는 아이에게 굳이 언급할 필요가 없다. 아이가 물을 엎질렀다면 물을 엎지른 그 행동에 대해서만 말해야 한다. 아이가 물을 엎지른 일과 함께 아이가 방 청소를 하지 않은 것까지 들먹이면 안 된다. 아이가 방 청소를 하지 않은 것은 지금 물을 엎지른 행동과는 아무런 상관이 없다. 엄마가 지금 벌어진 일과 상관없는 말을 한다면, 아이 또한 화가 난다. 엄마가 자기를 무시하는 느낌이 들기 때문이다.

　지혜롭고 현명한 엄마는 무조건 아이를 야단치지 않는다. 과거의 행동까지 들먹이지 않는다. 그리고 아이가 한 행동에 대해서 바로 감정적으로 야단치지 않는다. 그 말은 즉, 엄마가 아이를 존중하고 있다는 의미다. 그리고 아이의 자존감이 상하지 않게 돕고 있다는 것이다. 엄마의 지혜로운 야단은 아이와의 관계를 어색하게 만들지 않는다. 아이가 잘못한 행동에 대해 스스로 생각할 수 있는 기회를 준다. 그러므로 아이를 야단칠 때는 현재 벌어진 상황에 대해서만 아이와 대화를 나눠야 한다. 일방적인 야단이 아니라, 아이가 이야기를 할 수 있는 기회를 줘야 한다.

엄마가 과거까지 들먹이며 야단치지 않고, '어쩌다가'라는 말을 붙이며 아이가 말할 기회를 주도록 하자. 그러면 아이는 주눅 들지 않을 것이다. 그리고 자신의 입장을 설명할 것이다. 태현이처럼 빨래를 떨어트린 상황에서는 "태현아, 어쩌다가 빨래를 떨어트린 거야?"라면서 물어본다. 아마 태현이는 "엄마를 돕고 싶었는데, 빨래를 쏟아버렸어요."라고 말할 것이다. 그리고 물을 엎지른 상황에서는 "○○아, 어쩌다가 물을 쏟은 거야?"라고 물었다면, "갑자기 손이 미끄러졌어요."라고 아이가 대답할 것이다.

아이의 행동에는 다 의미가 있다. 그러므로 엄마가 무작정 혼내서는 안 된다. 특히, 아이를 향해 과거의 일까지 들먹이는 일은 절대 해서는 안 된다. 지금 나는 아이를 어떤 방식으로 혼내는지 생각해보자. 그리고 과거의 일까지 들먹이고 있다면 당장 오늘부터 그 습관을 고치자. 그리고 아이의 잘못된 행동을 야단치기 전에 '어쩌다가'라는 말을 붙이는 연습을 하자. 현명한 엄마는 아이를 현명하게 야단친다. 그리고 현명하게 야단을 맞은 아이는 자존감에 큰 상처를 받지 않는다. 그래서 건강한 자존감을 키우며 건강한 성인으로 자랄 수 있다.

02

나는 맞고 너는 틀리다는
생각을 버리자

엄마의 일방적인 사고가 아이의 고정관념을 심어준다

"선생님, 밥을 다 먹고 난 다음에 과일 먹어야 하는데, 남규가 과일 먼저 먹었어요."

"선생님, 그림 그릴 때 연필로 먼저 그려야 하는 데, 진주는 자꾸 색연필로 먼저 그려요."

"선생님, 가방 정리할 때 교과서 먼저 넣어야 하는데, 현호가 필통부터 넣어요."

성호의 외침이다. 우리 반 아이들은 그런 성호를 못마땅하게 생각한다. 마치 '아, 또 시작이구나.'라는 표정으로 성호를 바라본다. 3학년 담임을 맡을 때, 우리 반 성호는 쉬는 시간마다 내게 왔다. 그리고 친구들의 일거수일투족을 내게 보고했다. 성호는 자신의 기준과 다른 친구들의 행동은 잘못된 행동이라고 생각했다. 그래서 쉬는 시간마다 와서 잘못된 행동을 고쳐달라고 말했다. 성호는 항상 밥을 먼저 먹고 난 다음 과일을 먹어야 한다고 했다. 그래서 점심을 먹을 때, 과일을 먼저 먹는 친구들을 향해 다그쳤다.

그림을 그릴 때는 항상 연필로 먼저 그리는 거라고 했다. 미술 시간이 되면, 성호는 친구들이 연필을 들고 있는지 주위를 살폈다. 그리고 연필로 그림을 그리지 않는 친구는 내게 와서 일렀다. 그림을 그릴 때 샤프를 사용해서 그리는 행동 역시 성호에게는 용납할 수 없는 행동이었다. 또한 성호는 가방 정리를 할 때 항상 교과서를 먼저 정리해야만 했다. 그런 후, 마지막에 필통을 정리했다. 성호는 그렇게 자신의 방식으로 정리를 하지 않는 친구를 이해하지 못했다. 그리고 그 친구들을 야단쳤다.

이제 10살 밖에 안 된 남자아이가 왜 이런 생각을 하고 있을까? 성호의 머릿속은 '나는 맞고 너는 틀리다'는 생각으로 가득했다. 그래서 자신의 기준과 다른 행동을 보면 내게 와서 일렀다. 그리고 그 행동을 야단치라고 했다. 아마 성호의 엄마는 엄마만의 방식을 성호가 어렸을 적부터 고집했을 것이다. 이런 식으로 말이다.

"성호야, 과일은 항상 밥 먹고 난 다음에 먹는 거야. 밥 먹기 전에 먹으면 안 된다."

그리고 만일, 어린 성호가 밥을 먹기 전 과일을 먹고 있다면, 엄마는 아이를 야단쳤을 것이다. 엄마의 반복된 꾸짖음에 성호는 이런 고정관념이 생겼을 것이다. 밥을 먹기 전에 과일을 먼저 먹는 행동은 잘못된 행동이라고 말이다. 그림을 그릴 때도 마찬가지다. 색연필을 먼저 쥐고 그림을 그리고 있는 성호를 향해 엄마는 이렇게 야단쳤을 것이다.

"성호야, 항상 그림을 그릴 때는 연필로 먼저 그려야 해. 그런 후, 색연필로 색칠하는 거야. 색연필로 먼저 그림 그리는 거는 잘못된 거야."

이 말을 듣고 난 후, 성호는 색연필로 먼저 그림을 그리는 행동은 옳지 않은 행동이라고 생각했을 것이다. 그래서 항상 그림은 연필로 그려야 한다는 편견을 갖게 됐고, 그 생각이 아이의 모든 행동을 지배하게 된 것이다.

과일을 먼저 먹고 난 후, 밥을 먹어도 된다. 그리고 어떤 연구 보고서에 따르면 식전에 과일을 먹는 것이 오히려 건강에 더 도움이 된다는 연구 결과도 있다. 그리고 그림을 그릴 때도 색연필을 활용해서 그려도 된다. 또한 가방을 정리할 때도 각자 원하는 방식으로 정리하면 된다. 어찌 됐든, 우리는 과일을 먹었고, 그림을 그렸고, 가방을 정리했기 때문이다.

모든 인간은 각자 개성을 갖고 태어난다. 그래서 쌍둥이로 태어난 아이들도 각자 성격이 다르다. 내 아이 또한 마찬가지다. 그러므로 나의 방식을 아이에게 주입해서는 안 된다. '나는 맞고 너는 틀리다.'라는 마음으로 아이를 훈육하면 안 되는 것이다. 엄마의 이런 마음은 아이가 스스로 생각할 기회를 차단한다. 그리고 다양한 방식의 해결책을 찾아내지 못하게 만든다. 한 가지를 해결할 때 오직 그 한 가지와 관련된 해결법밖에 생각하지 못하는 것이다.

엄마의 생각을 아이에게 주입하지 말자

초등학생 아이의 뇌는 중요하다. 아이가 다양하게 생각할수록 뇌는 활발하게 움직인다. 그리고 그 활발한 움직임이 아이의 자존감을 깨워주는 것이다. 오직 한 가지만 생각하는 아이는 뇌의 다양한 움직임을 만들지 못한다. 어떤 문제가 아이가 생각한 그 한 가지 방법으로 해결되지 않는다면 아이는 쉽게 좌절한다. 그리고 쉽게 상처받는다. 그래서 점점 주눅 들게 되고, 똑같은 문제를 해결하려고 노력하지 않는다. 금방 포기해버린다. 자신이 해낼 수 있는 방법은 오직 그 한 가지밖에 없기 때문이다.

라면을 끓일 때도 마찬가지다. 누군가는 수프를 먼저 넣은 후 면을 넣는다. 또 다른 누군가는 면을 먼저 넣은 후 수프를 넣는다. 하지만 결과로만 본다면, 둘다 완벽한 라면을 끓였다. 맛 또한 똑같다. 그러므로 무조건 엄마의 방식이 옳다는 생각은 잘못된 편견이다.

엄마의 이런 잘못된 편견은 초등학생 아이가 고학년이 될수록 여실히 나타난다. 아이의 행동을 통해 말이다. 초등학교 고학년이 되면 아이는 다양한 사고를 하게 된다. 그래서 똑같은 과제를 수행할 때, 아이들은 여러 방법으로 해결한다. 반 아이들 모두 똑같은 방법으로 해결하는 것은 아니다.

다양한 방법으로 과제를 해결한다는 것은 아이의 자존감이 그만큼 건강하다는 것이다. 그리고 아이의 자존감이 잘 자라고 있다는 긍정적인 신호다. 그 의미는 엄마가 아이의 의견을 적극적으로 존중해준다는 의미다. 즉, 엄마의 생각만이 옳다는 고정관념을 아이에게 주입하지 않는 것이다. 하지만 매번 어떤 과제든 똑같은 방법으로만 해결하는 학생이 있다. 그리고 다른 학생들이 해결하는 방법을 가만히 지켜보는 학생이 있다. 이런 아이들의 자존감은 무척 약하다. 그래서 친구들의 해결 방법을 보면서 금방 포기해버리고 만다.

자신의 방식대로 해결되지 않으면, 지루하고 재미없는 과제라고 생각하면서 자신의 능력을 과소평가하게 된다. 다른 방법을 제시해줘도 아이는 수용하지 않는다. 이런 아이들은 엄마에게 '엄마 말만 옳다'는 고정관념에 젖어든 아이들이다.

아이가 엄마가 원하는 방식대로 해결하지 않으면 이런 유형의 엄마는 아이를 다그치고 혼냈을 것이다. 그리고 엄마가 원하는 방식대로 행동을 교정했을 것이다. 그 결과, 아이는 다양한 사고를 할 수 없게 됐다. 또 다른 행동을 하는 것은 곧 엄마에게 야단을 맞는다는 것과 같은 의미이기 때문이다.

다른 행동을 하지 않겠다고 포기하는 것은, 아이의 자존감에 큰 상처를 입힌다. 스스로 생각하고 해결할 수 있는 힘을 잃게 된다. 그래서 아이는 엄마가 옳다고 했던 방법으로 일이 해결되지 않으면 금방 포기해버린다. 그리고 자신의 능력이 이것밖에 안된다면서 한탄하게 된다. 이런 과정을 거치면서 아이는 자기 스스로를 저평가하게 된다. 그 결과, 아이는 건강한 자존감을 갖기 못한 체 엄마가 만들어 낸 성인으로 자라는 것이다.

아이에게 건강한 자존감을 심어주고 싶다면 엄마는 편견을 버려야 한다. 그것은 엄마의 말만 정답이라는 편견이다. 세상에는 다양한 해결 방법이 있다. 그리고 아이는 그 다양한 해결 방법을 스스로 연구할 의무가 있다. 엄마는 아이의 의무를 뺏어서는 안 된다. 그러므로 엄마도 옳고 아이도 옳다는 마음가짐으로 아이를 바라봐야 한다. 그래야만 아이에게 건강한 자존감을 키워줄 수 있을 것이다.

- 13 -

아이가 수업 시간에 계속 돌아다닌다고 합니다. 어떻게 해야 할까요?

유독 주의가 산만한 아이들이 있습니다. 이런 아이는 정서적으로 불안할 수 있습니다. 혹은 ADHD(주의력 결핍 및 과잉행동장애)로 인한 행동일 수 있습니다. 엄마는 2가지를 모두 고려해야 합니다. 전자의 경우 정서적으로 불안한 아이는 분명 문제가 있습니다. 엄마의 어떤 행동, 혹은 집에서 자주 일어나는 어떤 사건으로 인해 아이의 마음이 불안할 수 있습니다. 그 불안한 마음이 아이가 학교에서 계속 돌아다니게 만드는 원인이 됩니다. 이런 경우는 엄마가 아이의 불안을 해소해줘야 합니다. 만일 아이 앞에서 부부 싸움을 자주 하는 게 원인이라면, 아이 앞에서 부부 싸움을 하는 모습을 보여주지 않아야 합니다. 그리고 아이가 심리치료를 할 수 있게 도와줘야 합니다. 교육청에서 주관하는 무료 심리 치료 또한 많은 도움이 됩니다. 만일 ADHD라면 아이의 담임 선생님, 그리고 의사 선생님과 함께 아이가 달라질 수 있도록 함께 협력하고 노력해야 합니다. 엄마뿐만 아니라 아이와 관련된 모든 사람이 함께 힘을 합쳐서 아이가 긍정적으로 성장할 수 있게 도와야 합니다.

03

아이가 실수하는 것은 당연하다

아이를 향한 엄마의 지지는 매우 중요하다

에릭슨의 발달 단계를 보면 초등학생 아이들의 발달 단계는 근면성 대 열등감의 시기다. 이 시기는 '내가 하는 모든 행동이 곧 나를 표현한다'는 의미로 받아들이게 된다. 그래서 아이가 하는 모든 행동이 자신을 반영한다고 느끼게 되는 것이다.

아이가 초등학생이 되면 다양한 경험을 하고, 다양한 교육을 받게 된다. 그 과정에서 아이는 성숙해진다. 경험한 것을 스스로 응용하고, 그 과정에서 자신만의 방법을 찾게 된다. 그래서 이 시기는 누군가의 절대적인 지지가 중요하다.

특히 아이를 향한 엄마의 지지가 가장 중요하다. 엄마의 절대적인 지지는 이 시기의 아이가 근면성을 갖게 도와준다. 그리고 그 근면성은 내 아이가 이 세상에서 성공을 맛볼 수 있게 도와주는 큰 발판이 된다.　반면에 아이가 적극적인 지지를 받지 못한다면, 아이는 자꾸 다른 친구와 자신을 비교하게 된다. 그리고 자신의 능력이 친구들보다 못하다는 생각을 하게 된다. 친구들보다 못하다는 생각은 아이 마음에 열등감을 심어준다.

엄마는 아이가 성공하기를 바란다. 그리고 자신의 인생을 행복하게 살기를 바란다. 그러므로 엄마는 초등학교 시기를 중요하게 생각해야 한다. 아이의 인생이 행복해지기 위해서는 자존감이 필요하기 때문이다. 아이의 자존감은 초등학교 시기에 형성된다. 근면성을 잘 갖춘 아이는 건강한 자존감을 갖게 된다. 그리고 자신의 능력을 다른 친구와 비교하지 않는다. 자신감을 갖고 새로운 일에 쉽게 도전하게 된다.

아이가 새로운 일을 두려워하지 않고, 쉽게 도전하는 것은 매우 중요하다. 그리고 그 밑바닥에는 아이의 자존감이 깔려 있다. 초등학생 아이는 새로운 일을 할 때마다 여러 번 실수를 한다. 그리고 그 과정에서 자신만의 노하우를 익힌다. 그래서 아이가 실수를 반복하는 것은 당연하다. 실수를 하는 과정이 아이의 근면성을 키우는 과정이다. 또한 미성숙한 아이가 실수를 하는 것은 성장의 한 과정이다. 엄마는 아이의 그 실수를 당연하게 받아들여야 한다.

　내 아이가 기어 다녔던 때를 떠올려보자. 기어 다니던 아이가 어느 날 갑자기 걷게 되었다. 그리고 엄마는 그런 아이를 보며 눈물을 훔친다. 아이가 그렇게 걷기까지 아이는 1,000번 이상의 실수가 있었다. 1,000번 이상 넘어지면서 스스로 일어서는 법을 익힌 것이다. 그 1,000번의 실수가 아이를 스스로 일어서게 도왔고, 그 결과 자신의 발로 걷게 된 것이다. 아이가 1,000번 실수할 때 엄마는 야단치지 않았다. 그리고 다그치지 않았다. 또한 이렇게 걸어야 한다는 등의 훈계를 하지도 않았다. 엄마는 아이가 스스로 일어설 수 있게 지켜봤다. 아이가 넘어지는 행동을 당연하게 여겼다. 하지만 아이가 초등학생이 되고 난 후, 엄마는 아이의 실수를 당연한 것으로 여기지 않는다. 그래서 똑같은 실수를 반복하면, 엄마는 아이를 다그치고 혼낸다. 아이가 비록 초등학생이 될 정도로 성장했을지라도, 엄마와 같은 성인이 아니다. 그리고 초등학교 시기는 신생아 시절보다 더 중요하다. 아이의 자존감이 싹트고 있기 때문이다.

　엄마는 아이가 막 걷기 시작할 때처럼 아이를 바라봐야 한다. 그리고 똑같은 실수를 1,000번 저질러도 그것을 당연하게 생각해야 한다. 아이에게는 그 1,000번의 실수가 전부 다 의미 있다. 그리고 그 과정에서 아이는 더 나은 방법을 익히게 된다.

아이의 실수를 당연하게 생각하고 받아들여야만 한다

요즘 초등학교 칠판은 대부분 물 칠판으로 바뀌었다. 그래서 예전처럼 분필 가루가 날리지 않는다. 물로 금방 지우면 되기 때문이다. 그래서 칠판 옆에는 항상 일정한 양의 물이 들어 있는 통이 놓여 있다. 그리고 물걸레에 물을 묻힌 후, 칠판을 지우면 된다.

저학년 아이들은 유독 선생님을 도와주는 것을 좋아한다. 그래서 부탁을 하면 서로 나와서 돕겠다고 한다. 특히 칠판과 관련된 도움은 서로 하고 싶어서 싸우기도 한다. 아이들이 가장 하고 싶은 봉사는 물 칠판 통에 물을 가득 채우는 일이다. 하지만 저학년 아이들은 능숙하지 못하다. 그래서 실수를 자주 한다. 일단 물을 가득 담아오는 것을 힘들어한다. 그래서 교실에 들어오기 전, 복도에 물을 쏟기도 한다. 하지만 물을 자주 엎지를 때마다 어떻게 해야 물을 엎지르지 않는지 스스로 배우게 된다. 그래서 물을 여러 번 쏟았던 아이도 그 행동을 여러 번 반복하다 보면 능숙하게 교실까지 물을 가져온다.

아이가 물을 엎지를 때마다 누군가가 야단을 친다면 아이는 그 행동을 하기 싫어질 것이다. 또다시 꾸짖음을 당할까 봐 두렵기 때문이다. 이 두려운 마음이 커질수록, 아이는 그 행동의 시행착오를 겪지 못한다. 그래서 어떻게 해야 물을 엎지르지 않고 들어올 수 있는지에 대한 노하우를 터득하지 못한다.

유명한 위인들 역시 성인이 되서도 많은 실수를 했다. 그리고 그 실수가 위인에게는 큰 깨달음이 됐다. 그 큰 깨달음이 우리가 익히 알고 있는 현재의 위인으로 만들어준 것이다. 에디슨이 전구를 발명하기 위해 만번의 실수를 저질렀던 것처럼 말이다. 하지만 우리는 그의 실수를 당연하게 생각한다. 그 만 번의 실수 덕분에 우리 삶에 유용한 전구를 사용하고 있기 때문이다. 그러므로 엄마는 아이의 실수를 항상 당연하게 생각하고 받아들여야 한다.

실수를 할 때마다 아이를 다그친다면, 아이는 성인이 된 후 작은 실패를 견뎌내지 못한다. 그리고 어떤 결과물을 완성하기까지의 과정을 생각하지 못한다. 오직 결과만 생각하게 된다. 그래서 과정 중 깨닫게 될 많은 지혜를 아이는 속절없이 흘려버리고 만다. 엄마의 다그침이 곧 결과만을 중시하는 아이로 자라게 한 것이다. 결과만 중시하는 아이는 자존감이 건강하지 못하다. 실수를 하는 과정 또한 아이의 자존감을 자라게 돕는 밑거름이다. 아이는 실수를 저지르면서 실패라는 경험을 자주 맛봐야 한다.

실패라는 경험은 자주 맛봐야 좋지만, 자존감이 약한 아이들은 실수를 할 때마다 마음에 상처를 입을 수 있다. 이때는 엄마가 아이가 실수하는 것은 당연하다는 것을 엄마의 언어로 표현해야 한다. 아이가 실수할 때마다 아이를 지지하고 응원하는 것이다. 그리고 아이가 똑같은 실수를 반복하기 전에 엄마가 구체적으로 설명해주는 것도 많은 도움이 된다. 세세하게 알려줄수록 아이는 실수할 확률이 줄어든다. 예를 들어, 아이가 블록 쌓기를 하고 있다. 아이는 블록을 높게 쌓고 싶지만 블록이 자꾸만 무너진다.

같은 실수가 반복될 때마다 아이 얼굴은 부정적으로 변하고 자신을 한심하게 생각한다. 이럴 때 엄마는 아이에게 다가가서 옆에서 도와주면 된다. 그리고 아이가 유독 잘 안됐던 부분은 어떤 식으로 쌓으면 좋을지 구체적으로 알려주면 된다. 엄마가 알려주되, 행동은 아이가 스스로 할 수 있게 내버려둔다. 엄마의 세세한 설명을 듣고 난 뒤 아이는 블록을 쌓는다. 그리고 이번에는 블록이 넘어지지 않고 아이가 원하는 높이만큼 쌓을 수 있었다. 아이는 엄마의 설명을 들었지만, 스스로 해냈기 때문에 자긍심이 생긴다. 그리고 스스로 해냈다는 성취감을 얻게 된다.

실수는 아이가 성장하는 과정이다. 그리고 그 실수를 통해 아이는 삶의 지혜와 노하우를 터득하게 된다. 그러므로 많은 실수를 경험한 아이는 많은 노하우를 얻게 된다. 그리고 그 노하우가 아이 스스로 무슨 일이든 해낼 수 있다는 자신감을 갖게 도와준다. 오늘도 아이가 실수하고 있는가? 엄마가 할 일은 실수하는 아이를 지지하고 응원해주는 것이다. 아이가 실수하는 것은 당연하다는 생각으로 말이다.

04

별것 아닌 일에
크게 반응하지 말자

아이의 모든 모습을 인정하고 존중하자

과거 내가 초등학생을 대상으로 독서 논술을 지도할 때, 나는 아이들에게 『머리에 뿔이 났어요』라는 책을 소개했다. 책의 내용은 이렇다. 책의 주인공 이모겐은 어느 날 아침, 자고 일어났더니 머리에 큰 뿔이 생겼다. 사슴뿔이 난 이모겐의 모습을 보고 엄마는 기절했다.

이모겐은 '머리에 뿔이 났네?'라고 별일 아니라고 생각했다. 하지만 엄마의 반응으로 뿔이 난 일이 아이에게 큰일이 돼버렸다. '기절'이라는 엄마의 반응에 아이는 걱정했다. 그리고 이 사태를 어떻게 해야 할지 우왕좌왕했다.

엄마의 반응과는 다르게, 다른 식구들은 이모겐의 그런 모습을 인정했다. 그리고 있는 그대로의 모습을 존중했다. 그 덕에 이모겐은 다시 자신의 모습을 긍정적으로 바라볼 수 있었다. 다른 가족들은 이모겐의 뿔을 유용하게 활용했다. 이모겐의 뿔을 활용해서 빨래를 널었다. 그리고 이모겐의 뿔에 도넛을 꽂아서 새에게 먹이를 주었다. 다른 가족들은 모두 그렇게 새로운 모습의 이모겐을 인정했다. 하지만 엄마는 여전히 아이의 그런 모습을 인정하지 않았다. 엄마에게는 이모겐의 변화된 모습이 매우 큰 일거리였다.

그 결과, 엄마는 자리에 몸져누웠다. 그리고 아이의 새로운 모습을 거부했다. 어떻게든 그 모습을 바꾸기 위해 의사 선생님을 불렀다. 하지만 고칠 수 없는 병이라는 말만 듣고, 엄마는 또다시 좌절했다. 그런 엄마의 모습을 이모겐이 계속 본다면 지금 자신의 모습을 부정적으로 바라보게 됐을 것이다. 그래서 다른 가족들은 엄마가 크게 반응할 때마다 엄마를 다른 방으로 옮겼다. 그리고 이모겐을 평상시 대하던 것처럼 대했다. 그리고 아이의 뿔을 볼 때마다 "우와, 멋지다!"라는 감탄도 아끼지 않았다.

이모겐은 긍정의 반응을 받을 때마다, 현재 자신의 모습을 있는 그대로 받아들였다. 그리고 자신은 사랑받을 만한 가치가 있는 존재라고 느꼈다. 다음 날 다행히 뿔은 없어졌고, 이모겐은 어제 있던 일로 인해 스스로 자존감을 쌓을 수 있었다. 행복감을 느꼈다.

세상에서 제일 가까운 엄마는 이모겐의 새로운 모습을 부정했다. 별거 아닌 일로 받아들일 수 있는 일을 엄마는 크게 반응했다. 그리고 엄마의 그런 반응을 볼 때마다 아이는 무슨 생각을 했을까? 엄마의 반응을 볼 때마다 엄마가 자신을 싫어한다는 의미로 해석했을 것이다. 엄마가 나를 싫어한다는 생각만큼 아이에게 큰 좌절을 주는 일은 없다. 그만큼 초등학교 아이들은 엄마의 사랑을 받으며 자란다. 특히 저학년일수록 더욱 그렇다. 아이를 향한 엄마의 부정적인 반응은 아이의 자존감을 무너뜨린다. 나는 사랑받을 가치가 없다고 느끼게 된다. 그리고 그 마음은 아이의 삶이 불행하다는 생각까지 이어지게 된다. 변화된 아이의 모습을 보자마자 기절하는 엄마의 반응은 부정적인 반응이다.

다른 가족들이 이모겐의 새로운 모습을 인정했던 것처럼, 엄마가 먼저 인정을 하고 존중해야만 했다. 그래야 아이는 더 많은 자존감이 생길 것이다. 잠을 자고 일어났는데 갑자기 내 머리에 뿔이 있다면 아이 또한 당황했을 것이다. 그 당황한 아이의 마음을 엄마는 공감하고 따뜻하게 보듬어줬어야만 했다. 그래야 아이가 당황한 마음을 금방 억누르고, 새로운 자신의 모습을 인정할 수 있기 때문이다. 이처럼 별거 아닌 일인데도 엄마가 크게 반응을 한다면 아이는 그때부터 그 일을 심각하게 받아들인다. 예를 들어, 아이가 우유를 들고 오는 길에 엄마가 아끼는 옷에 우유를 쏟았다. 아이 또한 자신이 우유를 쏟은 옷이 엄마가 가장 아끼는 옷이라는 것을 알고 있다. 이런 상황에서 엄마는 2가지의 반응을 보인다.

"괜찮아. 안 그래도 엄마 이 옷 오늘 빨려고 그랬어."

"야, 너 정신을 어디다 두고 다녀? 엄마가 이 옷을 얼마나 아끼는데! 왜 하필 쏟아도 여기에 쏟아!"

엄마의 반응이 아이의 자존감에 많은 영향을 미친다

초등학생 아이들은 실수를 자주 한다. 아이 입장에서는 신중하게 우유를 들고 갔을 것이다. 그런데 자신도 모르게 우유가 손에서 미끄러졌을 것이다. 아이도 그 순간 당황했다. 당황한 아이에게 엄마가 첫 번째 반응을 보인다면, 그 일은 별거 아닌 일이 된다. 그래서 아이도 우유를 엎지른 행동을 심각하게 받아들이지 않는다. 엄마의 반응 덕분에 아이의 자존감은 아무런 상처를 입지 않았다. 그리고 아이 또한 '다음부터는 더 조심해야겠다'고 생각한다. 왜냐하면 아이도 그 옷을 엄마가 소중하게 여기고 있다는 것을 알기 때문이다.

아이는 자존감을 그대로 지키면서, 스스로 더 잘해야겠다는 다짐까지

했다. 그리고 그 다짐은 다음 번 우유를 들고 갈 때 바로 실천으로 옮길 것이다. 우유를 엎지르지 않기 위해 최선을 다해서 들고 갈 것이다.

아이의 이런 행동 변화는 엄마가 아이를 다그쳐서 변화된 것이 아니다. 단지 엄마가 별거 아닌 일처럼 대응했기 때문에 아이 스스로 그 행동을 교정한 것이다. 그리고 스스로 교정한 행동이 완벽하게 성공한다면 아이는 그 과정에서 성취감을 맛본다. 그리고 그 성취감은 자기를 바라보는 시선을 긍정적인 시선으로 변하게 한다. 하지만 두 번째 반응을 보인다면 아이는 어떻게 될까? 엄마의 반응은 별거 아닌 일로 넘길 수 있던 일을 심각한 일로 만들었다. 그리고 아이 또한 엄마의 저런 반응에 우유를 엎지른 행동을 심각한 일로 받아들인다.

엄마의 큰 반응으로 아이는 엄청난 실수라고 여기게 된다. 그리고 엄마의 원망 어린 눈빛을 제대로 쳐다보지 못한다. 아이는 그 순간 바로 죄인이 된다. 죄인이 된 아이는, 엄마에게 뭐라고 설명할 자신이 없다. 아이는 잔뜩 긴장하게 된다. 그리고 그 실수를 한 자신을 원망하게 된다. '엄마가 아끼는 옷에 도대체 무슨 짓을 한 거야?'라고 속으로 외치면서 '에휴, 내가 그러면 그렇지.'라는 생각으로 변하게 된다.

그 생각은 온전히 아이의 자존감을 파괴한다. 자신을 쓸모없는 존재로 받아들이게 된다. 그리고 다음 날, 아이는 우유를 보자마자 긴장하게 된다. 몸이 잔뜩 움츠러든다. 아이는 또 우유를 들고 가다가 엎지를까 봐 두렵다. 아이는 자신의 방에서 우유를 마시고 싶었을지도 모른다. 하지만 결국 냉장고에서 우유를 꺼낸 뒤, 그 자리에서 마시고 방으로 들어간다.

엄마의 첫 번째 반응은 아이가 똑같은 행동을 반복하게끔 도와줬다. 그리고 엄마 눈에는 '우유를 들고 간다'는 아이의 똑같은 행동으로 보인다. 하지만 아이의 마음가짐은 달랐다. 엄마가 별일 아닌 듯 대응했기 때문에, 아이는 스스로 우유를 잘 들고 가기 위해서 많은 노력을 했다. 단지 엄마의 눈에는 아이의 그런 속마음이 보이지 않았을 뿐이다. 하지만 엄마의 두 번째 반응은 아이의 똑같은 행동이 다시는 일어나지 않게끔 만들었다. 우유를 들고 가던 아이가 그냥 냉장고 앞에서 우유를 마시는 아이가 됐다. 아이는 왜 냉장고 앞에서 우유를 마셨을까? 엄마의 반응이 아이의 자존감을 무너뜨렸기 때문이다. 별거 아닌 일을 크게 반응한 엄마로 인해, 아이는 또다시 실수할 것을 두려워했다. 그 결과, 평소에 잘 하던 행동조차 하지 않으려는 아이로 변하게 된 것이다.

이처럼 아이의 행동을 본 후, 엄마가 어떻게 반응하는지에 따라 아이의 자존감은 많은 영향을 받는다. 아이의 행동을 별거 아닌 일처럼 반응할수록 아이는 성장한다. 그리고 똑같은 행동을 스스로 업그레이드해서 행동한다. 그 과정에서 아이는 성취감을 맛본다. 그 성취감은 아이의 자존감 화분에 끊임없이 물을 뿌려준다. 그 물을 흡수한 만큼 아이의 자존감은 자랄 것이다. 그러므로 엄마는 아이의 실수를 별거 아닌 일로 반응하는 현명한 엄마가 돼야 한다.

- 14 -

아이가 엄마와 전혀 대화를 하려고 하지 않아요. 왜 그럴까요?

아이는 어느 날 갑자기 엄마와 말을 하지 않는 것이 아닙니다. 엄마와의 관계에서 사소한 것들이 조금씩 쌓이기 시작해 결국 엄마와의 대화 단절이라는 극단적인 결과가 나온 것입니다. 엄마는 어떤 계기로 아이가 엄마에게 마음의 문을 닫았는지 진지하게 고민하고 생각해야 합니다. 그리고 아이와 소통하고 싶다는 엄마의 마음을 솔직하게 표현해야 합니다. 아이가 엄마에게 마음의 문을 열어줄 때까지 다시 기다려야 합니다. 진지하게 고민을 해도, 원인을 알지 못하겠다면 엄마는 솔직하게 아이에게 표현하거나 엄마의 마음이 적힌 편지를 아이에게 대신 전달합니다. 분명 아이에게는 엄마에게 화가 난 부분이 있습니다. 아이가 그 부분을 엄마에게 말로 표현했다면, 엄마는 고쳐야 합니다. 아이와의 긍정적인 관계를 위해서 엄마가 반드시 고쳐야 합니다. 그래야 고학년, 중학생, 고등학생이 돼도 엄마와 소통하기를 좋아하는 아이로 성장하게 됩니다. 아이와의 소통은 엄마가 어떻게 하느냐에 따라 달려 있습니다. 그러므로 아이가 대화를 하지 않는 행동에만 초점을 두지 말고, 어떤 계기로 엄마에게 마음의 문을 닫았는지 그 원인을 찾는 것에 많은 노력을 들여야 합니다.

05

아이 스스로 고칠 수 있는 기회를 주자

실수는 성장의 과정이다

현재 나는 1남 2녀 세 아이의 아빠다. 눈에 넣어도 안 아플 소중한 아이들이다. 나는 아이들과 함께 놀고 있는 시간이 행복하다. 5살, 4살, 3살 아이들은 틈만 나면 온 집안을 난장판으로 만든다. 하지만 그렇다고 해서 아이들을 야단치거나 다그치지 않는다.

나는 지금 아이들이 하는 모든 행동이 배움의 과정이라고 생각한다. 그래서 아이들이 어질러놓은 것을 치울 때 옆에서 도와주되, 되도록 아이들 스스로 집안을 정리하게끔 지켜본다. 이런 과정을 반복하니, 아이들은 조금씩 스스로 정리하는 법을 터득하게 됐다.

과거 초등학교 1학년 아이들을 대상으로 독서 논술을 지도한 적이 있다. 1학년 아이들은 맞춤법을 정확하게 쓰지 못한다. 그리고 띄어쓰기, 문단 구성 등 모든 것이 1학년 아이들에게는 어려운 일이다. 그래서 1학년 아이들을 지도할 때, 나는 아이들의 마음 속 생각을 글로 정리할 수 있도록 도와줬다. 글을 쓰는 것은 맞춤법보다는 나의 생각을 잘 정리하는 것이 도움이 되기 때문이다. 자신의 생각을 먼저 잘 정리하는 법을 배운 후, 맞춤법과 띄어쓰기는 그 후에 천천히 배워도 된다.

하지만 유독 맞춤법과 띄어쓰기에 집착하는 한 아이의 엄마가 있었다. 그 엄마는 매일 아이의 독서 논술 수업이 끝날 때까지 밖에서 기다렸다. 그리고 수업이 끝나면 곧장 달려와서 아이가 정리한 내용을 살폈다. 엄마는 아이의 생각이 담긴 내용은 살펴보지 않았다. 엄마가 집중해서 보는 것은 오직 아이의 띄어쓰기와 맞춤법이었다. 나는 아이의 엄마에게 발달 단계상 아직 맞춤법과 띄어쓰기는 미숙하다고 설명했다. 하지만 엄마는 그런 내게 늘 이렇게 말했다.

"선생님, 지금 당장 맞춤법과 띄어쓰기를 잘 잡아놔야지요. 집에서도 계속 맞춤법, 띄어쓰기 공부시킬게요. 선생님도 우리 애 맞춤법이랑 띄어쓰기 좀 신경 써주세요."

이 아이는 매번 독서 논술 공부를 하러 올 때마다 표정이 변했다. 나는 첫 날, 내 수업을 받으러 왔던 아이의 표정을 잊지 못한다. 아이는 나를 향해 활짝 웃으며 "안녕하세요. 선생님."이라고 말했다. 그랬던 아이가 지금은 아무런 표정이 없다. 오히려 근심 가득한 얼굴로 수업을 받으러 들어온다. 첫날, 이 아이는 자신의 생각을 비뚤비뚤한 글씨로 잘 적었다. 그리고 나는 아이에게 많은 칭찬을 했다. 하지만 이제 이 아이는 한 줄도 쓰지 못한다. 처음에는 맞춤법, 띄어쓰기만 신경 썼던 엄마가 이제는 아이를 향해 화를 낸다. 수업을 받으러 왔는데 한 줄도 쓰지 못하는 아이를 향해 야단을 친다.

나는 왜 이 아이가 한 줄도 쓰지 못했는지 잘 알고 있다. 하지만 아이의 엄마는 아이의 속마음을 모르고 있었다. 엄마는 아이 스스로 고칠 수 있는 기회를 단 한 번도 주지 않았다. 그래서 매일 독서 논술 수업이 끝남과 동시에 엄마는 아이가 틀린 부분을 확인했다.

그런 엄마의 태도에 나는 아이가 받을 상처가 걱정됐다. 그리고 아이의 자존감이 걱정됐다. 엄마가 아이의 학습에 관여한다는 것은 아이의 자존감에 큰 영향을 끼치기 때문이다. 그런 걱정에 나는 자주 이 아이에게 맞춤법을 알려주기도 했다. 그리고 마치 아이가 제대로 쓴 것처럼 엄마에게 설명했다.

하지만 문제는 아이의 집 안에서 일어났을 것이다. 독서 논술 시간에 맞춤법을 맞게 쓴 것처럼 설명했어도, 아이의 엄마는 집에서 아이를 강하게 교육시켰을 것이다. 그리고 아이가 맞춤법과 띄어쓰기를 제대로 하지 못하면 엄마는 아이를 향해 야단쳤을 것이다. 결국 이 아이는 독서 논술 수업을 한 달도 받지 못하고 그만뒀다.

아이는 실수를 스스로 고칠 때 성취감과 희열을 느낀다

아이의 엄마가 아이 스스로 고칠 수 있는 기회를 줬다면 아이는 어떻게 변했을까? 실제로 이 아이는 글쓰기 능력이 탁월했다. 1학년 아이답지 않게, 제법 자신의 생각을 잘 정리했던 아이다. 하지만 아이는 점점 글을 쓰지 못했다. 멍하게 40분을 앉아 있다가 집에 가기 일쑤였다. 아이의 생각을 아이의 엄마가 통제해버린 것이다.

성인과 아이들 모두 마찬가지다. 글을 쓰려면 기분 좋은 상태에서 써야 한다. 그래야 의식이 확장된다. 그 확장된 의식으로 인해 미처 생각하지 못했던 사례까지 떠오르게 해준다. 그 덕분에 우리는 글을 쓸 수 있는 것이다. 아이의 엄마는 늘 아이 기분을 상하게 만들었다. 그리고 아이는 그만큼 자존감에 상처를 받았다. 상처받은 자존감은 아이에게 글을 쓸 수 없게 만들었다. 그리고 그 어떤 사례도 떠올릴 수 없게 만들었다.

엄마는 아이의 자존감을 상하게 해서는 안 된다. 엄마는 아이의 자존감을 무럭무럭 자랄 수 있게 도와주는 존재가 돼야 한다. 아이들은 실수를 한다. 그리고 그 실수에서 많은 것을 배운다. 또한 실수를 했을 때, 그 실수를 어떻게 대처해야 하는지도 아이 스스로 터득해야 한다. 아이가 엄마에게 적극적으로 도움을 요청하지 않는 한, 엄마는 옆에서 아이를 믿고 지켜봐야 하는 것이다. 엄마가 실수한 자신을 믿고 기다려준다는 것은 아이에게는 존중의 표현이다.

그리고 그 존중의 표현이 아이의 기분을 행복하게 만든다. 아이의 기분이 행복하면 아이의 의식이 확장되는 것이다. 그 확장된 의식이 아이 스스로 어떤 해결 방법이 있을지 고민하게 만든다. 그리고 그 덕분에, 아이가 생각하지 못했던 해결법이 번뜩 떠오르기도 한다. 그렇게 해서 아이가 실수를 스스로 고쳤다면, 아이 마음에는 2배의 행복이 차오른다. 엄마가 나를 믿고 기회를 줬다는 첫 번째 행복이 차오르고 실수를 스스로 고쳤다는 성취감의 행복이 차오르는 것이다.

아이는 실수를 스스로 고칠 때마다 성취감과 희열을 느낀다. 그리고 이 성취감과 희열이 쌓일수록 자기 스스로를 긍정적으로 바라보게 된다. 그래서 어떤 문제가 닥쳐도 스스로 해낼 수 있는 힘이 생긴다. 그것이 바로 자존감이다.

엄마는 억지로 아이의 실수를 바로 잡아줄 필요가 없다. 엄마가 아이의 자존감을 향상시키고 싶다면, 아이를 믿고 기다리면 된다. 실수를 할 때마다 아이를 야단치지 않고, 아이 스스로 고칠 수 있는 기회를 주는 것이다.

아이가 실수를 저지를 때마다 화가 치밀어 오른다면 엄마가 그 자리를 벗어나면 된다. 그게 오히려 아이에게는 스스로 고칠 수 있는 기회를 주는 것이다. 아이에게 "○○아, 엄마 방에 잠깐 들어갔다 올게. ○○이가 스스로 해결해봐. 안 되면 그때 엄마에게 도움을 요청해줘."라고 말한 후, 방으로 들어가면 된다.

엄마의 이런 말은 아이에게는 인정의 표현이다. 그래서 엄마가 방으로 들어간 후, 아이는 스스로 해결할 방법을 생각할 것이다. 그리고 자신이 어느 정도 해결한 후, 도저히 안 되는 부분은 엄마에게 도움을 요청할 것이다. 그럼 그때 엄마가 아이가 해내지 못했던 부분을 도와주면 된다. 엄마는 아이에게 스스로 고칠 수 있는 경험을 줬다. 그 경험이 아이에게 성취감을 주고, 성취감은 자존감과 연결된다.

유독 아이의 실수를 바로잡지 못해 안달인 엄마가 있다. 그리고 아이가 실수를 저지를 때마다 불같이 화를 내는 엄마가 있다. 이 모두 아이에게는 잘못된 행동이다. 아이는 실수를 통해 성장한다. 그만큼 아이 성장에서 실수는 의무적으로 필요한 것이다. 아이 또한 생각을 갖고 있는 인간이다. 그러므로 아이를 믿고 기다려라. 엄마가 아이를 믿고 스스로 고칠 수 있는 기회를 줘라. 그 기회가 분명 아이의 행복한 삶의 원동력이 될 것이다.

06

잔소리보다는 '온기'를
전하는 대화를 하자

아이의 자존감은 성인이 될 때까지 지속된다

현재 나는 '한국책쓰기1인창업코칭협회'의 대표다. 나는 책을 쓰고 싶은 사람들이 작가가 될 수 있게 도와준다. 그래서 내게 코칭을 받은 사람들은 단 몇 주에서 몇 달 만에 원고를 쓴다. 그리고 출판사와 계약에 성공한다. 사람들은 이런 나의 코칭을 신기해하며 존경한다는 표현을 자주한다. 내게 코칭을 받은 사람들은 나를 일컬어 '도사' 같다는 말을 많이한다. 단 몇 주, 몇 달 만에 작가가 되기 때문이다.

나는 내게 책 쓰기를 배우고 싶은 사람들에게 자기 소개서를 써오라고한다. 2장 분량의 자기 소개서다. 과거의 일부터 현재, 그리고 미래 일까지 구체적으로 적어오라고 한다. 그리고 나는 그 사람들의 인생 스토리를 보면서 그 사람에게 맞는 책 쓰기 주제를 정해준다. 자기 소개서의 스토리는 참 다양하다. 하지만 신기하게 공통점이 있다. 각자의 스토리는 다르지만, 결국 과거의 영향을 많이 받는다는 것이다. 과거 스토리를 보면 유독 가정에서 많은 상처를 받은 사람들이 있다. 특히 엄마를 통해서 말이다.

그들의 과거는 아직도 진행형이다. 그래서 그들의 표정은 항상 어둡다. 웃음 띤 얼굴이 상상이 안 될 정도로 어둡다. 그리고 어렸을 적 엄마에게 상처를 받은 사람들은 지금도 힘든 인생을 살고 있다. 그리고 매번 하는 일마다 실패한다. 그리고 그 실패의 원인이 바로 자신에게 있다고 생각한다. 나는 책 쓰기 수업을 하면서 수강생들과 자주 상담을 하는 편이다. 힘든 인생을 살고 있는 사람들은 과거의 아픔을 자주 털어놓는다.

"저는 어렸을 적부터 엄마에게 사랑을 못 받았어요. 제가 조금만 잘못했다 싶으면 어찌나 그렇게 화를 내시던지. 왜 엄마가 나를 낳았나 싶더라고요. 그 마음이 지금도 이렇게 제 발목을 잡네요."

나는 이런 아픔을 털어놓는 사람들을 보면 무척 안타깝다. 엄마가 얼마나 아이에게 잔소리를 해댔으면 내게 이런 아픔을 말하겠는가? 나는 이런 아픔을 가진 사람들에게 책 쓰기에 집중하라고 한다. 그리고 어렸을 적 힘들었던 엄마와의 일을 글로 쓰면서 풀어내라고 한다. 응어리진 마음을 풀어내면서 스스로 치유하게 도와주는 것이다.

반면에 과거 스토리가 유독 행복한 사람들이 있다. 그리고 그런 사람들 역시 그 과거가 여전히 진행형이다. 여전히 행복하고, 여전히 해맑다. 그들은 책 쓰기 수업을 올 때마다 얼굴에 화색이 돈다. 미소가 끊임이 없다. 항상 밝은 사람들은 무슨 일이든 잘 해낸다. 그리고 그 성공의 원인을 자신에게 돌린다.

이처럼 어렸을 적, 아이를 향한 엄마의 태도가 아이가 성인이 된 순간까지 막대한 영향을 미치는 것이다. 그 막대한 영향은 바로 자존감이다. 자존감은 아이의 제2의 성격이다. 그래서 아이가 앞으로 살아갈 인생에 많은 영향을 미치게 된다.

엄마에게 잔소리보다 '온기'의 말을 전해들은 아이는 자존감이 쑥쑥 자란다. 그리고 어려운 과제도 실패 없이 해낸다. 자신의 성공을 남에게 돌리지 않고 자기 스스로에게 돌린다. 그만큼 스스로를 향한 자부심이 강한 것이다.

반면에 엄마에게 '온기'의 말보다 잔소리를 많이들은 아이는 매일 자존감이 무너진다. 그 무너진 자존감은 아이에게 쉬운 과제도 어렵게 느껴지게 만든다. 그래서 아이는 쉬운 과제도 실패한다. 쉬운 과제를 실패했을 때 아이는 남 탓을 한다. 그리고 스스로의 탓도 한다. 그 남 탓은 바로 엄마다. 엄마를 향한 비난의 마음이 생긴다.

아이는 엄마의 온기를 들으면서 자란다

아이가 엄마를 부정하는 마음이 생기면 엄마와의 관계는 단절된다. 그리고 그 단절된 마음의 크기만큼 아이의 자존감은 송두리째 박살난다. 자기 스스로 해낼 수 있는 일이 전혀 없다고 생각하게 된다. 그래서 새로운 도전을 시작하려고 하지 않는다. 새로운 것을 도전하려는 마음보다 나는 실패자라는 생각이 강하기 때문이다. 특히 엄마의 잔소리는 남자아이들에게 더 치명적이다. 남자아이들은 엄마의 "이것 해라, 저것 해라." 등의 잔소리를 특히 싫어한다. 그리고 그 말을 들을 때마다 엄마가 자신을 공격하고 있다고 받아들인다. 이 마음이 커지면 아이 마음에는 분노의 씨앗이 자란다. 그리고 그 분노를 어떻게든 표출하고 싶은 마음이 생긴다. 초등학교 남자아이들 가운데 유독 게임 중독에 심하게 걸린 아이들이 있는데, 이런 아이들은 대부분의 경우 엄마를 향한 분노가 마음 한가운데 자리 잡고 있다. 그리고 그 분노를 게임에 표출하고 있는 것이다.

엄마가 매일 기분 좋은 상태가 아니면 아이에게 유독 심하게 잔소리를 할 수 있다. 기분이 좋지 않다는 말은 감정 주머니가 작다는 말이다. 즉, 엄마가 아이에게 허용할 수 있는 행동에 제한이 있다는 의미다. 엄마가 행복하지 않다면 아이의 모든 행동이 다 못마땅하다. 아이에게 온기를 줄 마음의 여유가 없다. 그래서 아이가 방을 제대로 청소하지 않은 모습이 못마땅하다. 그런 아이를 향해 엄마는 이렇게 퍼붓는다.

"너 엄마가 청소해놓으라고 했지? 여기 책상부터 서랍까지 이따가 다 검사할 테니까 똑바로 해놔! 너 옷은 또 왜 여기에 이렇게 놔뒀어?"

이 말을 들은 아이는 기분이 상할 것이다. 그리고 만일 이미 아이가 스스로 방 청소를 했는데, 그 기준이 엄마 눈에 탐탁지 않았다면 아이는 더욱 기분이 상했을 것이다. 엄마의 이런 말이 반복된다면 아이는 방청소를 전혀 하지 않을 것이다. 청소를 하든지 말든지 결국 엄마에게 잔소리를 듣기 때문이다.

아이는 엄마의 온기를 들으며 자란다. 그러므로 아이에게 잔소리는 독이다. 잔소리를 많이 들을수록 아이는 불행한 인생을 살게 된다. 그리고 무슨 일이든 실패하게 된다. 그 실패의 원인은 바로 엄마의 잔소리다. 그러므로 엄마는 아이에게 항상 따뜻한 온기를 전하는 대화를 해야 한다. 엄마가 아이에게 따뜻한 온기를 전하려면 엄마의 마음이 건강해야 한다.

엄마의 마음이 건강하지 못하다면 아이를 향한 마음이 항상 부정적으로 변하게 된다. 그러면 아이를 향해 매일 잔소리를 하게 된다. 그만큼 엄마의 마음, 엄마의 의식은 매우 중요하다. 엄마로서 매일 부정적인 생각과 불행한 생각이 드는가? 그럼 나의 '김도사 TV'와 '네빌고다드 TV' 유튜브 영상을 보길 바란다. 실제로 나의 영상을 통해 삶을 긍정적으로 바라보게 된 사람들이 많이 있다. 그리고 그런 사람들의 연락을 받을 때마다 나역시 큰 보람을 느낀다.

그 영상을 보면서 엄마의 마음을 건강하게 만들면 된다. 엄마의 마음을 건강하게 만들지 못하면 엄마는 아이에게 따뜻한 말을 전하지 못한다. 아이가 듣고 싶은 말은 잔소리가 아니다. 아이를 향한 엄마의 온기를 전하는 말을 듣고 싶어한다.

과거 3학년 초등학생 아이들 독서 논술 수업을 지도할 때, 나는 아이들에게 이런 질문을 했다.

"여러분, 행복을 위해 가장 필요한 것은 무엇입니까?"

나의 질문에 아이들은 대답했다.

"선생님, 가족이요. 그리고 엄마에요."

　초등학생 아이들의 행복의 기준이 가족이다. 그리고 그 가족 중 행복과 밀접한 연관이 있는 사람은 바로 엄마다. 아이들은 엄마의 온기를 느끼고 싶다. 엄마의 따뜻한 온기가 있는 대화를 듣고 싶다. 그러므로 엄마의 마음을 건강하게 만들면서 아이에게 온기를 전해라. 잔소리 대신 엄마의 온기를 전하는 대화를 해라. 그것이 아이의 행복에 가장 필요한 것이다.

- 15 -

아이가 무슨 일을 할 때마다 실패를 먼저 생각합니다.
어떤 종류의 책이 도움이 될까요?

실패를 실패로 보지 않고, 당연한 과정으로 여겼던 다양한 위인의 책을 엄마와 함께 읽으면 많은 도움이 됩니다. 이 책에 소개된 에디슨, 안데르센 등 어렸을 적 많은 실패와 시련이 있었던 인물 위주로 읽으면 됩니다. 그리고 아이에게 실패는 성장의 한 과정이라는 것을 느끼게 해주면 됩니다. 실패를 성공으로 이끈 위인들의 책을 함께 읽으면서 동시에 엄마는 아이가 무슨 일을 할 때마다 지켜보면 됩니다. 그리고 아이가 실수를 하더라도 성공의 한 과정이라는 말을 자주 반복해서 말하면 됩니다. 엄마의 든든한 응원과 지지가 아이에게는 엄청난 힘이 됩니다. 그리고 그 믿음이 아이로 하여금 실패를 두렵지 않게 만들어줍니다. 또한 엄마도 실수를 하는 사람 중 한 명이라는 것을 아이에게 알려주면 됩니다. 성인인 엄마도 실수를 자주 한다는 것을 아이에게 알려주면, 아이는 실수는 누구나 할 수 있다는 것으로 인식하게 됩니다.

07

잘못된 행동보다
아이의 마음에 초점을 두자

아이 마음에 초점을 두면 아이의 자존감은 강해진다

조선 시대, 한 남자아이가 태어났다. 그 남자아이는 4살 때부터 그림을 그렸다. 아이의 유일한 취미이자 특기는 그림 그리기였다. 그래서 아이는 종일 그림을 그리며 살았다. 하지만 아이의 집은 가난했다. 당시에는 그림을 제대로 그리려면 붓과 종이가 필요했다. 아이의 집은 워낙 가난했기 때문에 아이 부모님은 붓과 종이를 살 수 없었다. 그래서 아이는 항상 땅바닥과 담벼락에 그림을 그렸다. 막대기를 활용해서 자신이 그리고 싶은 모든 그림을 그렸다. 아이의 그림을 본 친구들은 항상 감탄을 금치 못했다. 아이가 개를 그리면 아이 손에 들린 막대기 끝에서 진짜 실감 나는 개가 탄생하는 것이다.

아이의 모습을 그리면 마치 한 아이가 눈앞에 있는 것 같았다. 친구들은 이 아이의 그림을 좋아했다. 그리고 그런 친구들의 모습에 이 아이는 뿌듯했다. 하루는 숯을 활용해서 남의 집 담벼락에 농악대의 모습을 그렸다. 그리고 그 그림을 본 집 주인은 아이의 엄마를 불러 불같이 화를 냈다. 엄마는 아이의 손을 잡고 집으로 데리고 왔다. 그리고 아이에게 물었다.

"애야, 왜 남의 집 담벼락에 그림을 그렸어?"
"엄마, 저는 그림을 그리고 싶어요. 제게는 그림 그리는 게 세상에서 제일 행복한 일이에요."

아이의 엄마는 아이의 잘못된 행동을 꾸짖지 않았다. 대신 그 행동을 했던 아이의 마음에 초점을 뒀다. 그런 후, 담벼락에 왜 그림을 그렸는지 물었다. 엄마는 아이와의 대화를 통해 아이가 진심으로 그림을 그리고 싶어 한다는 것을 알았다. 그래서 아이가 그림을 그릴 수 있게 적극적으로 도와줬다. 그림을 잘 그리는 사람에게 그림을 배울 수 있게 해줬다. 엄마의 이런 행동을 아이는 사랑으로 느꼈다.

그래서 더욱 열심히 그림을 그렸다. 아이는 잠을 자는 시간, 밥을 먹는 시간을 제외하고 모든 시간을 온통 그림 그리는 데 사용했다.

그리고 아이는 훗날 이렇게 말했다.

"아무리 재주가 뛰어나도 노력하지 않으면 절대 이룰 수 없어."

이 말은 그림 그리기에 대한 아이의 강한 열정을 의미한다. 그리고 그만큼 엄청난 노력을 하고 있다는 말이다. 무엇을 향한 강한 열정, 그리고 인내. 이것은 자존감이 없으면 절대 생길 수 없는 것이다. 아이는 엄마 덕분에 강한 자존감을 만들 수 있었다. 그래서 그 강한 자존감이 그림 그리기를 꾸준히 지속할 수 있게 도와줬다. 그림에 대한 열정이 식지 않도록 만들었다. 그리고 포기하지 않는 마음을 만들어줬다. 아이는 훗날 성인이 된 후, 헤아릴 수 없을 만큼의 유명한 작품을 남긴다. 대표적인 작품으로는 '서당', '춤추는 아이', '씨름' 등이 있다. 그는 바로 김홍도다. 김홍도의 어머니가 담벼락에 그림을 그린 행동을 꾸짖기만 했다면 어떻게 됐을까? 아이는 아마 그림 그리기를 포기했을 것이다. 그림을 그릴 때마다 어머니께 꾸짖음을 당할 것이 불 보듯 뻔하기 때문이다. 김홍도의 어머니는 무척 현명했다. 그래서 아이를 꾸짖지 않고, 아이가 왜 그런 행동을 했는지 물었다. 아이의 행동에 숨은 의미가 있다는 것을 알았기 때문이다. 그 덕분에 김홍도는 조선 시대 최고의 화가가 됐다. 그리고 엄마의 현명함이 아이가 계속해서 그림을 그릴 수 있는 큰 힘이 된 것이다.

아이의 마음을 헤아리는 연습을 하자

이처럼 아이들의 행동에는 숨은 의미가 담겨 있다. 엄마의 눈에는 잘못된 행동처럼 보이지만, 아이에게는 다 의미가 있는 행동일 수 있다는 말이다. 그래서 엄마 눈에 잘못된 행동처럼 보일지라도 아이에게 먼저 물어봐야 한다. 먼저 아이의 마음에 초점을 둬야 한다. 왜 그런 행동을 했는지, 어떤 마음이 들었기에 그런 행동을 했는지 구체적으로 물어봐야 한다. 특히 자존감이 낮은 아이는 더욱 그렇다. 자존감이 낮은 아이는 어떤 행동을 할 때 실패할 것을 먼저 예상한다. 실패할 것을 예상한 후 행동으로 옮긴다.

그 마음으로 인해 결국 실패를 하고, 엄마 눈에는 그게 잘못된 행동처럼 보일 수 있다. 예를 들어서 자존감이 낮은 아이가 물이 가득 든 유리컵을 들고 지나간다. 아이는 유리컵을 떨어트릴까 봐 조마조마하면서 지나가고 있다. 그런 조마조마한 마음은 아이 마음속으로 계속해서 유리컵을 떨어트릴 것만 같은 생각이 들게 한다. 그리고 그 생각이 결국 현실이 됐다. 아이는 유리컵을 떨어트렸다. 유리컵이 와장창 무너졌다. 엄마는 아이가 유리컵을 깨트린 장면만 봤다. 아이의 속마음은 헤아리지 못했다. 이런 상황에서 엄마가 아이의 행동만 바라본다면 아이는 분명 잘못을 했다. 컵을 제대로 들지 않고 떨어트린 모습이 엄마에게는 잘못된 행동이기 때문이다.

하지만 아이의 마음에 초점을 둔다면 이 행동은 결코 잘못된 행동이 아니다. 아이가 놀랐을 것을 걱정하고 유리컵을 들고 가면서 조마조마했을 아이의 마음을 생각하게 된다. 그래서 아이를 다그치지 않고, 아이를 진정시키게 된다. "다치지 않았어? 놀랐겠다." 하면서 아이의 마음을 다독이게 된다. 이렇게 아이의 마음에 초점을 두면, 아이의 마음은 진정된다.

엄마가 자기 마음을 헤아려줬다는 것에 큰 위안을 받는다. 그 위안은 무너졌던 아이의 자존감을 조금씩 회복시켜준다. 그리고 스스로 엄마를 도와 바닥에 떨어진 유리 잔해를 주우려고 노력한다. 엄마를 도우면서 아이는 이렇게 생각할 것이다. '다음에는 유리컵 떨어트리지 않을 자신이 있어.' 자존감이 낮은 아이는 '나는 잘하는 게 하나도 없어. 뭘 하든 다 실패야!'라는 생각을 항상 한다. 그래서 엄마가 아이의 잘못된 행동에 초점을 두면, 아이의 이런 마음이 강화되어 자신을 실패자로 여기게 된다. 그리고 실수에 대한 두려움을 증폭시킨다.

그 결과, 자기 힘으로 완수해내는 일이 줄어든다. 그리고 난관이 닥칠 때마다 스스로 해결하는 방법을 모른다. 이 악순환이 반복될수록 아이의 자존감은 계속 무너지는 것이다. 그래서 엄마는 항상 아이의 마음에 초점을 둬야 한다.

김홍도의 엄마처럼 담벼락에 그림을 그린 행동에 초점을 두지 않고 왜 그림을 그렸는지 아이의 마음에 초점을 둬야 하는 것이다. 그러므로 아이의 잘못된 행동을 볼 때마다 엄마는 "왜"라는 말을 넣어서 아이의 마음을 먼저 헤아리는 연습을 해야 한다. 아이가 종이를 찢고 있다면 "왜 종이를 찢고 있어?"라고 물으면 된다. 그리고 아이가 엄마가 싫어하는 자세로 의자에 앉아 있다면 "왜 자세를 그렇게 하고 앉아 있어?"라고 물으면 된다. 곧바로 "엄마가 종이 찢지 말라고 했지!", "엄마가 의자에 앉을 때는 똑바로 앉아 있으라고 했잖아."라고 말하는 대신 말이다. 아이도 아이 나름대로의 이유가 있다. 그래서 그 이유를 설명할 것이다. 엄마는 아이의 설명을 듣고 난 후, 그다음에 엄마가 원했던 행동을 말하면 된다. 엄마의 이런 대화는 아이의 자존감을 상하게 만들지 않는다. 그런 행동을 하는 자신의 마음을 엄마가 헤아려줬기 때문이다. 그래서 그 뒤에 엄마가 원하는 말을 해도 아이는 수긍한다. 그리고 그 행동을 하려고 노력한다.

엄마가 바뀌면 아이가 바뀐다. 엄마가 바라보는 시선이 무엇인지에 따라 달라지는 것이다. 엄마가 아이의 잘못된 행동만 신경 쓴다면 아이는 행동을 교정하지 않는다. 마음속 자존감이 자라지 못한다. 하지만 엄마가 아이의 마음에 초점을 둔다면 아이는 스스로 변한다. 그리고 스스로 잘못된 행동을 교정하려고 한다. 아이 스스로 잘못된 행동을 교정해야 아이의 자존감이 자란다. 오늘부터 아이의 잘못된 행동보다는 아이의 마음에 초점을 두자. 그리고 그것을 매일 실천하는 엄마가 되도록 노력하자.

08

아이가 해낼 수 있는 것들만 목표로 삼자

아이가 현재 잘하고 있는 것이 무엇인지 알아보자

메이저 리그의 전설로 불리는 야구 선수가 있다. 바로 베이브 루스다. 베이브 루스는 1895년에 태어났다. 그가 태어난 곳은 빈민가였다. 아버지는 술집을 운영하셨고, 어머니는 병으로 매일 아팠다. 베이브 루스는 제대로 된 돌봄을 받지 못했다. 그래서 늘 자존감이 낮았다. 엄마에게 따뜻한 말을 듣고 싶었지만, 엄마는 항상 아팠다. 엄마와의 대화가 부족했던 베이브 루스는 자신의 가치를 소중히 여기지 않았다. 스스로를 사랑받지 못하는 존재라고 여겼다. 그리고 빈민가에 태어난 자신을 부정하고 부모님을 원망했다. 그 원망은 베이브 루스를 난폭한 소년으로 성장시켰다. 그 누구도 베이브 루스를 가까이하지 않았다. 선생님들조차 베이브 루스를 감당하지 못했다.

베이브 루스는 자신이 해낼 수 있는 일은 단 한 가지도 없다고 생각했다. 그랬던 그가, 세인트 메리 학교에서 마티어스 선생님을 만나게 된다. 베이브 루스는 항상 수업 시간에 집중하지 못했다. 난폭한 행동을 일삼았다. 그런 그를 향해 마티어스 선생님은 엄마처럼 다가와 말했다.

"너는 할 줄 아는 게 하나도 없는 것 같지만 단 한 가지 좋은 점이 있단다."
"선생님, 저는 할 줄 아는 게 하나도 없어요. 그런데 제게 한 가지 좋은 점이 있다고요? 그게 무슨 소리예요?"
" 야구팀이 네 덕분에 경기를 하잖아. 그러니까 그거 하나만 열심히 해 봐."

선생님의 말을 듣고, 베이브 루스는 어안이 벙벙했다. 베이브 루스는 항상 자기 스스로 해낼 수 있는 일이 단 한 가지도 없다는 생각을 가졌다. 그래서 어떤 목표도 삼지 않았다. 그런 아이에게 선생님은 베이브 루스가 지금 잘 해내고 있는 것을 목표로 삼게 도와줬다.

베이브 루스에게 마티어스 선생님은 엄마였다. 엄마는 늘 아팠기 때문에, 베이브 루스를 살뜰히 챙기지 못했다. 그리고 어린 베이브 루스에게 다정한 말 한마디 해준 적이 없었다. 마티어스 선생님은 지금 자신이 잘 해내고 있는 목표를 알려주었던 것이다.

베이브 루스는 선생님을 만나기 전까지 늘 자신의 실패만 바라보며 살았다. 그래서 자존감은 항상 무너져 있었다. 자존감이 무너져 내릴수록 자신을 더욱 실패자라고 여겼다. 하지만 그랬던 그가 엄마 같은 마티어스 선생님을 만났다. 그리고 그 만남 덕분에 현재 자신이 잘 해내고 있는 한 가지 목표만 바라보는 인생을 살게 되었다. 자신이 야구에 재능이 있다는 사실을 깨닫게 된 것이다.

그 깨달음은 베이브 루스에게 엄청난 자부심이었다. 그 자부심이 야구를 향한 자신감을 넣어줬다. 그리고 자신이 야구팀에 대단한 존재라는 것을 느끼게 도와줬다. 스스로 가치 있는 사람이라는 생각을 했다. 자신 또한 누군가에게 행복을 주는 존재라는 것을 알게 된 것이다. 그 덕분에 베이브 루스의 마음에는 자존감의 씨앗이 싹트기 시작했다. 그리고 야구를 하면서 행복을 느꼈다. 자신이 해낼 수 있는 것만 목표로 삼으니 그의 인생은 180도로 달라졌다. 그는 매일 치열하게 야구를 했다. 야구를 할수록 그는 살아 있음을 느꼈다. 그리고 자신은 충분히 사랑받을 만한 자격이 있다고 느꼈다.

그는 그렇게 메이저리그의 전설이 됐다. 베이브 루스는 은퇴할 때까지 714개의 홈런을 기록하는 대선수가 됐다. 그리고 그의 마음에는 항상 엄마 같은 마티어스 선생님을 향한 감사함이 있었다.

엄마의 지지는 아이가 잘하는 것을 목표로 삼을 수 있게 도와준다

마티어스 선생님 덕분에 베이브 루스는 건강한 자존감을 만들 수 있었다. 엄마 같은 선생님이 현재 아이가 해내고 있는 목표만 집중할 수 있게 도왔기 때문이다. 만일 마티어스 선생님 또한 아이가 해내지 못하고 있는 것만 바라봤다면 베이브 루스는 야구를 계속하지 못했을 것이다. 설령 야구를 계속해도, 자신이 지금 잘해내고 있는 목표가 야구인지 깨닫지 못했을 것이다.

이처럼 현재 아이가 잘해내고 있는 것을 목표로 삼게 해주는 것이 중요하다. 아이가 초등학교 1학년이 되면, 굳이 엄마가 비교하지 않아도 아이는 스스로 다른 친구들과 비교하기 시작한다. 그리고 그 과정에서 아이의 자존감은 많은 영향을 받는다. 자존감이 건강한 아이는 무엇이든 잘하는 친구를 동경의 대상으로 삼는다. 그래서 더 많은 과제를 스스로 해내려고 노력한다. 그 친구보다 더 잘할 수 있다는 자신감을 가지면서 말이다. 하지만 자존감이 낮은 아이는 다르다. 자신보다 무엇이든 더 잘해내는 친구를 보면 반발심이 생긴다. 그리고 그 대상을 향한 적대감을 표출한다. 아이는 그 과정에서 스스로를 실패자로 여기게 된다.

이런 아이에게는 엄마의 절대적인 지지가 필요하다. 엄마의 절대적인 지지는 아이에게 정서적 안정감으로 다가온다. 그래서 현재 자신이 잘 해내고 있는 목표를 생각하게 된다. 내가 지금 당장 해내지 못하는 다른 아이들의 목표를 바라보지 않는다. 이처럼 엄마의 지지는 아이가 현재 잘하고 있는 것을 목표로 삼을 수 있게 도와준다.

엄마가 아이에게 높은 목표를 심어줄수록 아이는 열등감을 느낀다. 그리고 스스로 해내지 못하는 그 목표를 바라보는 과정에서 아이는 심한 수치심을 느낀다. 특히 엄마의 언어를 통해서 말이다. 엄마의 높은 목표는 아이에게는 부담이다. 이제 막 첫 등산을 한 아이에게 곧바로 히말라야 산을 등반하라는 의미와 같다. 그리고 엄마는 아이에게 계속 히말라야 산을 등반하라고 외친다. 이제 막 등산을 시작한 아이가 과연 히말라야 산을 등반할 수 있겠는가? 결코 있을 수 없는 일이다. 하지만 그런 아이를 무시하고 엄마가 계속해서 요구한다면, 아이는 엄청난 스트레스를 받을 것이다. 그래서 현재 잘해내고 있는 등산이라는 행동 또한 하려고 하지 않는다. 오히려 엄마의 높은 목표가 아이를 퇴행시키는 것이다. 그 과정에서 아이는 점점 소극적인 아이로 변하게 된다. 소극적인 아이의 마음에서는 자존감이 싹트지 못한다. 이미 엄마로 인해 자존감이 싹틀 공간이 없어졌기 때문이다. 그러므로 엄마는 항상 아이가 현재 잘해내고 있는 것을 목표로 삼아야 한다. 그리고 아이가 지금 잘해내고 있는 그 목표를 꾸준히 할 수 있도록 응원하고 지지해야 한다. 아이가 지금 잘해내고 있는 것을 꾸준히 한다면 아이는 계속해서 성공의 경험을 맛보게 된다. 엄마가 할 일은 아이가 현재 잘하고 있는 것을 성공할 때마다 해낸 과정과 함께 결과를 칭찬하면 된다. 엄마의 그런 태도는 아이에게 '엄마는 항상 네 편이야.'라는 인식을 준다. 그리고 그 마음은 '내가 무슨 일을 실패했어도 엄마는 언제나 내 편일 거야.'라는 강한 확신으로 바뀌게 된다.

아이의 성장에는 모든 단계가 있다. 아이는 반드시 그 단계를 거쳐야만 한다. 그래야 아이의 몸과 마음이 함께 자라기 때문이다. 그러므로 이제 막 첫 번째 계단을 넘은 아이에게 열 번째 계단을 향해 뛰라고 외치는 엄마가 돼서는 안 된다. 또한, 아이가 이미 밟았던 첫 번째 계단을 다시 밟고 있을지라도, 엄마는 아이의 그런 행동을 칭찬해야 한다. 그렇게 엄마는 아이 스스로 두 번째 계단을 넘어서기 전까지, 항상 아이가 이제 막 밟은 첫 번째 계단을 목표로 삼아야 한다.

- 16 -

아이가 저학년일 때부터
스스로 공부하게 하려면 어떻게 해야 할까요?

아이가 초등학생이 되고 나면 학원, 방과 후 수업 등 다양한 공동체 생활을 하게 됩니다. 어렸을 적부터 아이 스스로 공부하게 만들려면 엄마는 아이에게 선택권을 줘야 합니다. 엄마가 먼저 아이의 학원, 방과 후 수업 등을 정하게 되면 아이가 원해서 다니는 것이 아니기 때문에 거부감이 듭니다. 그러므로 내 아이가 현재 초등학교 1학년일지라도, 아이에게 어떤 학원을 다니고 싶은지, 왜 그 학원을 다니고 싶은지 엄마에게 설명할 수 있게 물어봐야 합니다. 방과 후 수업 또한 학교에서 안내장이 나오면 아이와 함께 살피고 아이에게 마음에 드는 방과 후 수업이 있는지 물어봅니다. 아이가 배우고 싶은 방과 후 수업이 엄마의 마음에 들지 않더라도 아이의 선택을 인정하고 존중합니다. 저학년 때부터 공부와 관련된 선택권을 아이에게 넘겨주면, 아이는 일찍 자기 선택에 대한 책임감을 갖게 됩니다. 그리고 자신의 선택에 따라 다니는 학원, 방과 후 수업을 더 열심히 듣게 됩니다. 그러므로 엄마의 마음에 들지 않더라도, 아이를 믿고 아이에게 선택권을 맡겨야 합니다. 아이가 스스로 선택하는 횟수가 많아질수록, 아이는 스스로 공부하는 습관을 자연스럽게 갖게 됩니다.

5 장

아이를 잘 키우고 싶다면 아이의 자존감 부터 높여라!

초등시절, 자존감 높이기에 시간과 공을 들여야 한다

엄마의 말이 곧 아이의 자존감이 된다

발명왕 에디슨은 초등 시절 사고뭉치였다. 어린 시절, 그의 머릿속은 온통 기발한 생각으로 가득 찼다. 그래서 알을 부화시키려고 알을 품었다가 깨트린 적이 있다. 또한 친구에게 하늘을 날게 해주겠다며 친구에게 가스를 먹였다가 응급 상황을 만든 적도 있다.

대부분의 사람은 이런 에디슨을 이해하지 못했다. 그리고 '저능아'라고 낙인을 찍었다. 그렇게 에디슨은 성장해서 어느덧 초등학생이 됐다. 부푼 마음을 안고 학교에 갔지만 에디슨은 3개월 만에 쫓겨났다. 선생님들은 그를 심각한 ADHD(주의력 결핍 및 과잉 행동 장애)로 받아들였다.

그래서 에디슨을 교육시킬 수 없겠다는 결론을 내렸다. 선생님은 에디슨에게 한 장의 편지를 건넸다. 그리고 엄마와 함께 읽으라고 권유했다.

에디슨은 선생님이 쓴 편지 내용이 궁금했다. 하지만 에디슨은 글을 읽지 못했다. 그래서 곧장 집으로 달려가 엄마에게 선생님이 준 편지를 내밀었다. 편지에는 이렇게 적혀 있었다.

"귀하 아들은 산만합니다. 그래서 수업을 진행할 수 없습니다. 그러므로 우리 학교에서는 더는 귀하의 아들을 지도할 수 없습니다."

하지만 에디슨의 어머니는 이 편지 내용을 그대로 읽지 않았다. 대신 이렇게 읽었다.

"귀하 아들은 무척 똑똑합니다. 하지만 학교 선생님들은 귀하의 아들을 가르칠 만큼의 수준이 되지 않습니다. 그러므로 우리 학교에서는 더는 귀하의 아들을 지도할 수 없습니다."

엄마가 읽어준 내용을 다 들은 에디슨은 무척 기뻤다. 그리고 스스로를 대견하게 생각했다. 누군가에게 인정을 받는다는 것이 어떤 기분인지 그 기분을 난생 처음 느낀 것이다. 엄마의 지혜로운 재치 덕분에 초등학생이 된 에디슨은 자존감의 씨앗을 심을 수 있었다. 그리고 에디슨의 엄마는 항상 아이의 성향에 모든 것을 맞췄다. 아이 성향에 맞게 공부를 가르쳤다. 그리고 아이의 성향을 존중하며 아이의 말을 공감했다. 때로는 실수하고 있는 아이를 가만히 지켜보며 응원했다. 엄마는 그렇게 아이의 잠재 능력을 믿었다. 그리고 끝까지 그 끈을 놓지 않았다.

그 덕분에 에디슨은 계속해서 발명을 할 수 있었다. 실패를 실패로 받아들이지 않았다. 그리고 자신의 초등학생 시절, 선생님께 인정받았던 그 편지 내용을 떠올렸다. 나는 똑똑하기 때문에 무엇이든 해낸다는 자부심을 가졌다. 초등 시절 엄마 덕분에 생긴 에디슨의 자존감은 에디슨의 발명 실패만을 바라보는 사람들 앞에서도 주눅 들지 않았다. 오히려 그의 5,000번의 발명 실패만 언급하는 한 기자를 향해 에디슨은 이렇게 말했다.

"나는 실패한 적이 단 한 번도 없네. 나는 5,000번 이상 실패한 것이 아니라 실험에 효과가 없는 법을 5,000개나 찾은 셈이네. 즉 곧 실험에 성공할 방법을 찾아내는 데 5,000개만큼 가까워졌다는 말이지."

그래서 그는 우리 시대 가장 성공한 발명가인 '에디슨'으로 불리게 됐다. 그리고 엄마가 초등 시절 키워준 자존감 덕분에 발명 특허만 1,093개를 받은 위대한 인물로 자신의 업적을 남겼다.

초등학생 시절의 경험, 칭찬, 노하우 등은 성인이 된 후에도 지속된다

만일 에디슨의 엄마가 학교 선생님께서 쓴 편지 내용을 아이에게 그대로 읽었다면 어떻게 됐을까? 아이는 분명 자존감에 큰 상처를 받았을 것이다. 그리고 무슨 행동을 할 때마다 편지 내용이 머릿속에 맴돌았을 것이다. 실패를 경험할 때마다 자신의 산만했던 초등학교 시절을 떠올렸을 것이다. 그리고 문제를 해결하기도 전에 자신의 능력을 저평가한 후, 문제를 제대로 해결하지 못했을 것이다. 이처럼 초등 시절은 엄마가 아이의 자존감 높이기에 시간과 공을 들여야만 한다. 다른 누군가가 내 아이를 좋지 않게 평가하더라도, 엄마는 아이를 믿고 지지해야 한다. 그리고 엄마가 잘 알고 있는 아이의 장점을 부각시켜야 한다. 그 장점을 아이가 직접 느낄 수 있게 엄마의 말과 엄마의 행동으로 아이에게 표현해야 하는 것이다.

초등학생 시절 누군가에게 칭찬을 받았던 경험은 성인이 된 이후에도 생생하게 느껴진다. 마치 어제 있었던 일처럼 말이다. 또한 초등학생 시절에 배웠던 악기는 성인이 된 이후에도 능숙하게 해낼 수 있다. 초등학생 시절 열심히 연습했던 피아노 연주는 성인이 된 이후에도 잊지 않고 칠 수 있다. 나의 손을 건반에 올린 순간, 나도 모르게 내 손이 연주를 하고 있는 것을 경험한다. 그리고 초등학생 시절 자전거 타기를 연습했던 아이는 성인이 된 이후에도 충분히 해낼 수 있다. 그래서 대부분의 사람은 무엇을 배우려면 초등학생 시절부터 배우라고 권유한다. 그만큼 초등학생 시절의 경험, 칭찬, 노하우 등이 성인이 된 이후까지도 지속되기 때문이다. 그래서 초등학생 시절의 자존감은 중요하다. 배움, 경험, 실패 등이 모두 자존감과 관련되어 있기 때문이다. 아이의 자존감이 높아질수록 아이는 배움을 스스로 익히려고 한다. 엄마의 강요가 아니라 스스로의 선택으로 배움을 선택하는 것이다. 이렇게 무엇이든 스스로 선택하게 된 아이는 그 과정에서 자신만의 노하우를 터득하게 된다. 그리고 그 노하우가 쌓일수록 아이의 실력은 월등히 상승한다. 아이의 월등한 실력은 곧 누군가의 칭찬으로 연결된다. 그래서 아이는 그 다음 문제도 스스로 해낼 수 있다. 강한 자존감 덕분에 자기 스스로를 믿기 때문이다.

이렇게 초등학생 시절 아이의 자존감은 매우 중요하다. 엄마는 아이의 자존감을 높이기 위해서 아이에게 사랑과 공감을 주는 데 많은 시간과 공을 들여야만 한다. 그래야만 아이 스스로 자신이 사랑받을 자격이 있고, 느끼게 되고 그것은 아이가 가치 있는 존재라는 생각을 하도록 도와준다. 아이가 자신의 가치를 깨닫는 순간, 다른 사람의 존재 또한 얼마나 소중한지 느끼게 된다. 그래서 다른 사람의 입장과 생각을 헤아리는 지혜를 얻게 된다.

특히, 초등학생 아이들은 마음속 이야기를 상대방에게 효과적으로 잘 전달하지 못한다. 그래서 아이의 말을 들은 상대방은 아이 마음을 오해한다. 그 오해로 쉽게 갈등이 생겨서 결국 다른 사람과 건강한 관계를 맺는 것이 어려워진다. 특히 교우 관계에서 더욱 그렇다. 초등학생이 되면 친구들과 어울리는 시간이 많아진다. 그리고 친구들과 잘 지내기 위해서는 친구의 마음을 헤아릴 수 있는 안목이 필요하다. 친구에게 마음을 제대로 전달할 수 있는 의사소통 능력 또한 필요하다. 저학년 때 교우 관계가 원만하지 않았던 아이들도 시간이 지나면서 차츰 교우관계가 개선되는 모습을 목격한다. 이는 아이와 엄마가 그만큼 많은 노력을 했다는 증거다. 특히 엄마가 아이의 자존감을 높이기 위해 최선을 다했을 것이다.

초등 시절의 경험과 노하우는 아이가 성인이 된 이후에도 지속된다. 그만큼 초등 시절은 아이의 자존감을 높이는 데 많은 시간과 공을 들여야 한다. 엄마는 항상 아이를 따뜻하게 바라보며 공감과 사랑을 표현해야 한다. 대부분의 시간을 그렇게 아이 자존감을 높이는 데 할애해야 한다. 엄마가 많은 시간과 공을 들인 만큼, 스스로 성장하는 아이의 모습을 발견하게 될 것이다.

02

아이 행복의 중심에는
자존감이 있다

초등 시절 자존감은 곧 아이 삶의 행복이다

현재 나는 초등학교 10년 차 교사다. 경력이 쌓인 만큼 제자들 또한 성장했다. 어느덧 대학 생활을 하는 아이들도 있다. 그리고 이제 고3 입시를 준비하는 아이들도 있다. 아이들의 모습은 성장했지만, 아직도 나는 그 아이들의 초등 시절을 잊지 못한다. 아이들은 새해가 되면 잊지 않고 내게 연락을 한다. 초등 시절 웃음이 끊이지 않았던 아이가 어느덧 고 3이 된다. 이 아이는 고3에 대한 자신의 마음을 메시지로 이렇게 표현했다.

"선생님, 올해도 건강 잘 챙기세요. 제가 드디어 고 3이 됩니다. 초등학교 4학년 그 말썽꾸러기가 벌써 고 3입니다. 이제 올 1년만 잘 버티면 20살이 됩니다. 설레고 기대됩니다. 그리고 고 3 생활도 무척 기대됩니다! 멋지게 잘해내겠습니다. 선생님."

이 아이의 메시지를 받은 나도 미소가 절로 나온다. 초등 시절 행복했던 아이는 고등학생이 돼서도 여전히 행복한 삶을 즐기고 있다. 그리고 머지않아 다가올 20살을 기대하는 모습도 느껴진다. 하지만 같은 반이었던 여학생에게는 힘 빠지는 메시지가 왔다. 이 아이는 초등학교 시절부터 매일 불행한 생각을 하며 지냈다. 그리고 스스로를 가치 없는 존재로 여겼다. 그 아이는 고 3을 생각하는 마음을 이렇게 표현했다.

"선생님, 잘 지내세요? 벌써 고 3이에요. 선생님, 저 정말 힘들어요. 고 3을 어떻게 견뎌낼까요? 고등학교 2학년 생활도 지옥이었어요. 언제쯤 저는 이 지옥을 벗어날까요? 선생님 도와주세요."

이 메시지를 본 나는 한숨이 나왔다. 그리고 항상 슬픈 얼굴로 내게 다가왔던 초등학교 4학년 여학생의 모습이 떠올랐다. 아이의 메시지 내용은 여전히 초등학교 4학년 그 시절에 머물러 있었다.

첫 번째 메시지를 보낸 아이는 초등학교 4학년 생활을 행복하게 보냈다. 매일 친구들과 나를 웃기기 위해 최선을 다했다. 그리고 어떤 힘든 일도 마다하지 않고 적극적으로 나섰다. 운동회가 되면 우리 반을 위해 최선을 다해 응원했다. 그리고 도움이 필요한 친구에게 항상 손을 내밀어주는 아이였다.

두 번째 메시지를 보낸 아이는 초등학교 4학년 생활을 힘들게 보냈다. 이 아이는 매일 혼자 지내는 시간이 많았다. 그리고 자주 눈물을 보였다. 친구들과 잘 지내지 못했다. 그리고 친구들이 자신을 왕따시킨다고 생각했다. 항상 엄마를 원망하는 마음이 가득한 아이였다.

이 두 아이 모두 성장하고, 이제 고 3 생활을 준비하고 있다. 어느덧 20살, 성인이 되기 위한 준비 단계에 들어선 것이다. 두 아이 모두 성장하면서 외모가 변했다. 목소리도 조금씩 달라졌다. 아이들의 겉모습은 이제 더 이상 초등학교 4학년의 모습이 아니다. 하지만 두 아이의 마음은 여전히 초등학교 시절에 머물러 있다. 초등학생 시절부터 행복했던 아이는 고 3을 준비하는 지금, 설레는 기분으로 하루하루 산다. 이제 곧 성인이 된다는 기쁜 생각을 하면서 말이다.

반면에, 초등시절부터 울적했던 아이는 아직 시작도 하지 않은 고 3 생활을 걱정하며 내게 메시지를 보낸다. 그리고 처음부터 끝까지 '저는 잘

해내지 못할 것 같아요. 선생님.'이라는 우울한 내용이 전부다.

초등 시절, 행복한 경험을 많이 해야 한다

이렇게 초등학생 시절 아이들의 경험은 매우 중요하다. 초등학생 시절의 좋지 않은 경험이 장기 기억에 머물게 되면, 그 기억은 아이를 평생 따라다닌다. 그래서 성인이 된 이후에도 마치 어제 일어난 일처럼 아이의 생각과 행동을 지배하게 된다. 그래서 아이의 초등학생 시절은 좋은 경험이 많아야 한다. 그리고 그 좋은 경험을 아이의 장기 기억에 차곡차곡 쌓아야만 한다. 좋은 기억이 많은 아이는 그만큼 매일 행복하다. 아이가 떠올리는 모든 생각들이 행복과 관련된 기억이기 때문이다. 그리고 그 기억을 떠올릴 때마다 아이의 자존감은 무럭무럭 자란다.

자존감이 건강하게 잘 자라는 아이는 모든 것을 있는 그대로 받아들인다. 자신만의 색깔로 왜곡해서 해석하지 않는다. 그래서 누군가가 자신을 향해 부정적으로 이야기해도 그 말을 공격하는 의미로 받아들이지 않는다. 내가 더 건강하게 성장하기 위한 밑거름인 충고로 해석하고 받아들인다. 그리고 그런 충고를 해준 그 누군가에게 고마운 마음을 표현한다. 그 후, 자신이 들었던 부정적인 점을 개선하기 위해 노력을 한다.

초등학생 시절 좋지 않은 경험을 많이 한 아이는 자주 불안을 느끼게 된다. 그 결과, 스트레스 호르몬 수치가 매일 높게 나타난다. 스트레스 호르몬 수치가 높은 아이는 무엇을 하든 왜곡된 생각으로 받아들인다. 그래서 자신을 둘러싼 환경에서 일어나는 일, 말, 행동 등이 모두 아이에게는 스트레스로 다가오는 것이다. 그래서 아이는 쉽게 이겨내지 못한다. 스트레스를 받을수록 아이의 몸은 약해진다. 그리고 그만큼 아이의 자존감 또한 무너져 내린다. 이렇게 자존감이 무너져 내릴수록 아이는 무슨 일을 할 때마다 '걱정'을 하게 된다. 아직 시도도 해보지 않은 일을 '걱정'을 통해 표현한다. 지금 이런 아이에게 닥친 어떤 일이 그 아이의 초등시절 좋지 않았던 경험과 비슷할 수도 있다. 이런 경우에 아이는 자신의 장기기억에 머물러 있던 초등시절 경험을 떠올린다.

그 경험을 떠올리면서 그때 자신이 느꼈던 충격, 감정을 한꺼번에 온몸으로 느낀다. 그래서 그 비슷한 일이 아이에게는 감당할 수 없는 일로 느껴진다. 그리고 아이가 헤어 나올 수 없는 감정의 홍수에 빠져서 극도로 불안해지게 된다. 그러므로 내 아이가 행복하기 위해서는 초등 시절 자존감을 향상시켜야 한다. 아이가 매일 좋은 경험을 할 수 있도록 엄마가 적극적으로 도와야 한다. 아이가 좋은 경험을 많이 할수록 아이는 좋은 감정을 수반하게 된다. 그리고 그 감정이 즐거움과 쾌감을 느끼게 하는 호르몬을 분비시켜준다. 그 호르몬 덕분에 아이는 행복하고 안정적인 느낌을 갖게 되는 것이다.

자존감이 강한 아이는 화가 나는 일이 생겨도 별일 아닌 것처럼 쉽게 털어낸다. 그리고는 금방 잊어버린다. 그 일을 곱씹고 생각하지 않는다. 그래서 계속 좋은 경험을 할 수 있는 것이다. 하지만 자존감이 약한 아이는 사소한 일도 큰 일이 된다. 그래서 쉽게 털어내지 못한다. 별일이 아닌데도 그 일을 불안해하고 무서워한다. 또한 감정 조절이 제대로 안 돼서 자신도 모르게 불같이 화를 내기도 한다.

사소한 일이 큰일이 된 순간, 아이의 행복은 조금씩 아이의 곁에서 사라지게 된다. 그리고 성인이 된 순간, 아이에게는 더 이상 행복이 존재하지 않는다. 그런 아이가 성인이 되면 매일이 불행의 연속이다. 그리고 자신의 삶을 낙관적으로 받아들이지 못한다.

그러므로 아이가 행복하기 위해서는 초등 시절, 아이의 자존감이 잘 자라야 한다. 아이의 자존감이 잘 자라기 위해서 아이는 초등 시절, 행복한 경험을 많이 해야 한다. 좋은 경험을 많이 하면서 그 좋은 기억을 아이의 장기 기억에 심어야 한다. 좋은 경험이 많은 아이의 자존감은 높아질 것이며, 그 높아진 자존감이 아이를 평생의 행복으로 이끌어줄 것이다.

- 17 -
아이가 매일 핸드폰 게임만 합니다.
어떻게 지도해야 할까요?

아이가 핸드폰 게임을 오래할수록 엄마와의 대화 시간은 줄어들고 한창 발달 중인 아이의 뇌에 좋지 않은 영향을 미치게 됩니다. 핸드폰 게임에 오래 노출될수록 충동적인 성향을 보이기도 하고, 자신의 감정을 잘 다스리지 못해서 친구들과 자주 싸울 수 있습니다. 핸드폰 게임과 관련해서 엄마는 반드시 아이와 규칙을 정해야 합니다. 먼저 게임 시간을 엄마와 아이가 함께 정합니다. 이때도 선택권을 아이에게 먼저 맡깁니다. 아이에게 구체적인 시간과 왜 그 시간 동안 핸드폰 게임을 해야 하는지 명확한 이유와 함께 엄마에게 말하게 합니다. 그리고 약속을 어길 시에는 어떻게 할 건지에 대해서도 아이와 함께 상세하게 규칙을 정합니다. 그런 후, 집 안 곳곳에 아이 스스로 핸드폰 게임과 관련된 규칙을 붙이게 합니다. 때로는 아이가 심심하다는 이유로 핸드폰을 자주 들여다보는 경우가 있습니다. 이런 경우는 엄마 아빠는 아이와 함께 자주 야외 체험을 하는 시간을 많이 늘려야 합니다. 아이가 부모님과 함께 경험하는 활동이 많을수록 아이와 부모님의 관계는 돈독해집니다. 그리고 야외 활동을 즐겁다고 느끼면, 핸드폰 게임을 하는 횟수가 점점 줄어들게 됩니다.

03

자존감은 아이 인생의
시련을 이기는 회복 탄력성이다

인간은 태어난 순간부터 시련을 겪는다

아이는 이 세상에 태어난 순간, 수많은 시련을 맛보게 된다. 배고픔을 맛보게 된다. 그리고 아픔을 느끼게 된다. 울음으로 자신의 마음을 엄마에게 표현하지만, 엄마가 제대로 받아들이지 못하면 그것이 아이에게는 곧 시련이 된다.

어느 덧 아이가 배밀이를 시작하면 기어 다니기 위한 시련을 경험한다. 기어 다니기 위해 온몸에 힘을 준다. 그리고 실패하면 배를 바닥에 찧는다. 하지만 아이는 포기하지 않는다. 아이는 본능처럼 다시 양팔에 힘을 주어 엉덩이를 들어 올린다. 그리고 결국 기어 다니기에 성공한다.

성공을 경험한 아이는 이제 걷기 위한 준비 단계에 들어선다. 아이에게는 일생일대의 최대 시련이자 고비다. 아이가 걷기 위해서는 오직 두 다리로만 버텨내야 하기 때문이다. 그 과정에서 아이는 1,000번 이상의 시련을 겪는다. 1,000번 이상 넘어지면서 1,000번 이상의 엉덩방아를 찧는다. 하지만 결국 성공의 경험을 맛본다. 그리고 당당하게 자신의 두 발로 걸어 다니기 시작한다. 어느 덧, 걷기 시작한 아이는 말하기 시작한다. 그리고 드디어 8살이 된다.

아이는 초등학생이 된다. 그리고 진정한 '시련'을 향한 산을 걷게 된다. 초등학생이 된 아이는 의자에 40분 동안 앉아 있어야만 하는 시련을 겪는다. 그리고 학교에 오면, 자기 뜻대로 되는 일이 많지 않다는 시련을 경험한다. 친구와의 사이에서도 갈등을 겪는다. 갈등이 해결 되지 않는 것은 아이에게 시련이 된다.

또한 고학년이 될수록 아이는 공부 시련을 맞닥뜨리게 된다. 그리고 그 과정은 중학교, 고등학교라는 6년의 시간동안 꼬리표처럼 아이를 따라다닌다. 그 6년의 기나긴 시련을 견뎌내고 아이가 고등학교를 졸업한다. 그리고 이제 막 성인이 된다. 이제 아이를 향한 더 거대한 시련의 산이 아이를 기다리고 있다. 그리고 성인이 된 아이는 스스로 그 길을 헤쳐 나가야만 한다. 아이가 시련의 산을 함께 동반할 수 있는 사람은 없다.

오직 함께 등반할 존재가 있다면 그것은 아이의 자존감이다.

이처럼 인간은 태어난 순간부터 시련을 겪는다. 그리고 죽기 직전까지 많은 시련이 항상 우리를 기다리고 있다. 유독 어떤 사람은 시련이 닥칠 때마다 별일 아닌 것처럼 쉽게 넘어가는 사람이 있다. 그래서 어떤 시련이든 마치 평지를 걷듯이 편안하게 잘 넘기는 능력을 갖고 있다. 하지만 어떤 사람은 사소한 일에도 큰일처럼 반응해서 쉽게 무너지는 사람이 있다. 이 사람에게는 시련이 거대한 바위처럼 느껴진다. 마치 자신이 어찌할 수 없을 만큼의 큰 무게처럼 말이다. 이 사람들의 태도가 이렇게 다른 이유는 바로 그들 마음속에 있는 자존감이다. 특히 그들 마음속에 있는 초등 시절의 자존감이다.

아이가 초등학생 시절 느끼고 경험하고 생각한 것은 모두 아이의 기억으로 들어간다. 그래서 그 기억이 아이 평생에 걸쳐 많은 영향을 끼치게 된다. 초등 시절, 실패를 자주 경험했던 아이는 실패의 경험을 기억에 쌓는다. 자신이 실패했을 때 느꼈던 생각, 기분, 감정 등이 모두 아이의 기억에 차곡차곡 저장되는 것이다.

아이의 기억에 차곡차곡 저장될수록 아이의 자존감은 약해진다. 그리고 약해진 자존감만큼 아이의 실패 경험은 자꾸만 쌓여간다. 그 후, 아이는 시련이 닥칠 때마다 자신의 기억에 저장됐던 실패 경험을 끄집어낸다. 그리고 그때 느꼈던 기분과 생각을 온전히 느낀다. 그 기분과 생각이 시련 앞에 놓인 아이를 무너지게 만든다. 시련을 스스로 이겨내지 못하는 것이라고 생각하게 만든다.

초등시절 아이의 경험과 관련된 기억은 매우 중요하다

그러므로 엄마는 초등 시절 아이가 자주 성공하는 경험을 맛볼 수 있게 도와야 한다. 엄마가 아이에게 성공 경험을 주기 위해서는 현재 아이가 잘하고 있는 수준을 파악해야 한다. 그리고 그 부분을 꾸준히 지속할 수 있게 응원해야 한다. 예를 들어, 현재 아이가 초등학교 3학년이다. 아이는 2학년 때 배운 곱셈을 아직 능숙하게 해내지 못한다. 하지만 2단, 3단 곱셈만큼은 자신 있게 해낸다. 엄마가 지금 아이의 수준을 파악했다면 아이가 2단, 3단 곱셈을 계속할 수 있게 도와야한다.

아이가 잘해낼 때마다 엄마는 끊임없이 칭찬을 하면 된다. 엄마의 끊임없는 칭찬은 아이에게는 성공의 경험이다. 그래서 아이는 그다음 단계인 4단 곱셈을 두려움 없이 시작할 수 있다. 이미 엄마를 통해 여러 번의 성공을 맛봤기 때문이다. 아이가 4단 곱셈을 하면서 실수를 해도, 엄마는 아이가 스스로 대처할 수 있는 기회를 주면 된다. 그리고 아이가 도움을 요청하기 전까지 엄마는 묵묵히 아이를 바라보면 된다. 아이에게 "곱셈 구구단 4단도 못해!"라고 다그치거나 언성을 높여서는 안 된다. 엄마의 이 말로 아이에게 4단 곱셈은 두려움의 존재가 된다. 그리고 엄마의 말 한마디로 이미 아이는 실패를 맛보게 된다. 엄마가 아이를 향해 쏘아붙인 눈빛, 말투, 행동이 모두 '실패'라는 생각과 함께 아이의 기억에 저장되는 것이다. 그 실패의 경험이 그나마 아이가 잘하고 있었던 2단, 3단 곱셈 구구단도 할 수 없게 만드는 것이다.

이처럼 초등 시절의 자존감은 매우 중요하다. 특히 아이의 경험과 관련된 기억은 매우 중요하다. 성공의 경험, 실패의 경험 모두 자존감에 큰 영향을 미친다. 그리고 그 자존감은 이후 아이가 어떤 사람으로 성장하게 될지를 결정하는 중요한 요인이 된다. 자존감은 아이가 시련을 잘 극복하는 성인이 될 수 있게 해준다. 반대로 자존감으로 인해 시련에 굴복당하는 성인이 될 수 있다. 아이가 시련을 잘 극복하는 성인으로 자라기 위해서, 엄마는 성공하는 경험 외에 한 가지 더 해야 할 일이 있다.

엄마가 아이의 롤 모델이 되는 것이다. 엄마 스스로 시련을 잘 극복하는 모습을 아이에게 보여주면 된다. 엄마가 시련을 어떻게 극복하는지 아이가 관찰할 수 있는 기회를 자주 제공하는 것이다. 엄마가 시련을 잘 이겨내지 못하면 아이는 엄마의 그런 모습을 옆에서 지켜보게 된다. 예를 들어 엄마에게 고민거리가 있다. 그리고 엄마는 그 일을 큰일처럼 받아들이고 있다. 엄마는 그 걱정을 누군가에게 풀기 위해 전화를 한다.

아이는 엄마가 걱정하고 있는 모든 내용을 엄마의 전화 소리를 통해 듣게 된다. 막 초등학생이 된 후, 자존감이 높았던 아이는 엄마의 그런 모습을 보고, '엄마는 별것도 아닌 일 가지고 저럴까.'라고 생각할 수 있다. 하지만, 아이의 자존감은 변한다. 특히 초등학교 시절, 아이의 자존감은 항상 변한다. 그래서 자존감이 높았던 아이들도 고학년이 될수록 자존감이 낮은 아이로 성장할 수 있다. 반대로 자존감이 낮은 아이들이 고학년이 될수록 자존감이 높은 아이로 성장하기도 한다.

자존감이 강했던 아이가 엄마의 저런 하소연이나 푸념을 매일 듣게 된다면 아이는 어떻게 변할까? 아이도 점점 무의식적으로 엄마의 그런 태도를 배우게 된다. 그래서 아이가 무의식적으로 엄마의 시련 대처법을 학습하게 된다. 우리의 뇌는 비슷한 상황이 생기면 무의식적으로 학습된 행동을 먼저 하게 된다. 엄마의 대처법을 무의식적으로 학습하게 된 아이는 별거 아닌 일이 이제는 큰일이 된다. 그래서 그 시련에 굴복한다. 또한 아이의 자존감은 그만큼 무너져 내린다. 즉, 고학년이 될수록 엄마처럼 누군가를 붙잡고 하소연하는 아이로 변하게 되는 것이다.

아이의 자존감은 중요하다. 그리고 아이가 시련을 당당하게 이기는 성인으로 자라는 것 또한 매우 중요하다. 아이가 시련을 당당하게 이겨내려면 엄마는 아이에게 성공의 경험을 자주 제공해야 한다. 또한 엄마 스스로 아이에게 시련을 잘 대처하는 모습을 보여주는 롤 모델이 돼야만 한다. 자존감은 아이 인생의 시련을 이기는 회복 탄력성이다.

04

자존감, 아이를
균형 있게 성장시킨다

아이의 균형 있는 성장은 자존감이 핵심이다

모든 엄마는 아이가 균형 있게 성장하기를 원한다. 균형 있는 성장은 크게 3가지를 뜻한다. 첫 번째는 배움에 필요한 아이의 뇌 성장이다. 이는 곧 아이가 공부를 잘하는 아이로 성장하기 원하는 엄마의 마음이다. 그래서 엄마들은 아이가 공부를 잘하도록 만들기 위해 많은 학원을 다니게 한다. 그리고 부족한 교과는 과외 선생님을 통해 보충하려고 한다. 엄마는 많은 학습이 곧 아이의 뇌를 성장하는 지름길이라고 생각한다.

두 번째는 건강한 발달을 의미하는 아이의 신체 발달이다. 아이의 신체 발달을 위해 엄마는 아이의 음식을 신경 쓴다. 그리고 아이에게 주기적으로 한약을 먹이거나 영양제를 챙겨 먹인다. 또한 엄마는 5대 영양소가 골고루 들어 있는 음식을 먹일수록 아이의 신체가 성장하리라고 믿고 있다.

마지막 세 번째는 도덕심과 관련된 아이의 대인관계 능력이다. 엄마는 학교 교육을 통해 아이의 대인관계 능력이 충분히 발달될 거라고 생각하고 있다. 그리고 다양한 사람들과의 만남, 소통을 통해 대인관계 능력이 저절로 향상되리라 믿고 있다. 하지만 모두 잘못된 생각이다. 물론 아이가 학원에 열심히 다니면 아이의 성적은 오를 수 있다. 하지만 아이가 공부를 잘한다고 해서 아이의 신체, 아이의 대인관계 능력이 성장하지는 않는다.

신체 발달 또한 마찬가지다. 아이에게 5대 영양소가 골고루 섞인 음식을 제공했다고 해서 아이가 공부를 잘하는 것은 아니다. 또한 아이의 대인관계 능력이 그 음식을 통해 저절로 향상되지는 않는다.

이 3가지를 모두 성장시킬 수 있게 하려면 엄마가 반드시 알아야만 하는 것이 있다. 특히, 이제 막 초등학생이 된 아이를 두고 있는 엄마라면 필수적으로 알아야 할 것이 있다. 그 어떤 유명 학원보다, 5대 영양소가 들어간 음식보다, 학교라는 공간에서의 교육보다 가장 더 중요한 것이 있다. 그것은 바로 아이의 자존감이다.

엄마가 아이를 균형 있게 성장시키려면 다른 무엇보다 아이의 자존감을 향상시켜야 한다. 특히 초등학교 저학년 시기부터 아이의 자존감이 꾸준히 성장할 수 있도록 도와야 한다. 이 자존감이 곧 아이를 공부 잘하는 아이로 만든다. 그리고 이 자존감 덕분에 아이는 건강한 아이로 쑥쑥 잘 자란다. 그리고 아이의 자존감이 건강해질수록 아이는 누군가와 소통하는 대인관계 능력을 잘 발달시키는 것이다. 아이의 이런 자존감을 향상시키기 위해서 엄마가 반드시 알아야 할 4가지 태도가 있다.

그 4가지 태도를 PACE라고 한다. 'P'는 'Playfulness'의 약자로 아이와 함께 웃고 유쾌하게 말하는 엄마의 명랑한 태도를 의미한다. 그리고 'A'는 'Acceptance'의 약자로 항상 아이에게 미소 지으며 아이의 마음에 공감하는 엄마의 수용 능력을 일컫는다. 'C'는 'Curiosity'의 약자로 엄마가 아이의 모든 행동에 궁금증을 유발하는 호기심 능력을 말한다. 마지막 'E'는 'Empathy'의 약자로 아이의 말을 맞장구치거나 아이의 말을 적극적으로 칭찬해주는 엄마의 공감 능력을 의미한다.

아이가 균형 있게 성장하기 위해서 엄마는 명랑한 태도를 갖고 있어야 한다. 아이와 함께 대화 나누는 시간을 즐겨야 한다. 그리고 아이와 대화를 나눌 때 함께 웃으며 유쾌하게 말할 줄 알아야 한다.

엄마의 이런 태도는 아이에게 곧바로 행복감을 가져다준다. 웃음 바이러스라는 말이 있듯이 엄마가 나를 향해 웃는 모습은 아이에게 '웃음 바이러스'로 전염되는 것이다. 그리고 초등학생 아이들은 엄마가 나를 바라보는 시선에서 곧 자기를 어떻게 바라보는지 평가하게 된다. 그래서 엄마가 아이를 쳐다볼 때 항상 무표정하게 쳐다본다면, 아이는 엄마가 자신을 긍정적으로 생각하고 있지 않다고 받아들인다. 그 생각은 아이의 자존감을 조금씩 무너지게 만든다. 하지만 엄마가 아이를 바라볼 때마다 미소를 짓는다면 아이는 엄마가 자신을 긍정적으로 바라본다고 생각한다. 그리고 엄마의 그런 태도가 아이에게 '나는 참 가치 있는 존재야.'라는 생각이 들도록 만들어준다. 그리고 그 생각이 아이의 자존감을 건강하게 만들어주는 것이다. 그러므로 엄마는 감정의 달인이 돼야 한다.

아이의 균형 있는 성장, 엄마 손에 달려 있다

안 좋은 일이 생겼다고 해서 그것을 아이에게 투사해서는 안 된다. 그 감정과 아이를 향한 감정을 객관적으로 바라봐야 한다. 누군가에게 화난 감정을 아이에게 그대로 투사해서는 안 되는 것이다. 화가 난 감정은 다른 누군가를 향한 것이니, 아이를 바라볼 때는 아이를 향한 엄마의 감정으로 바뀌어야 한다. 카멜레온 변신술처럼 엄마도 재빠르게 화라는 감정을 기쁨이라는 감정으로 바꿔야 하는 것이다. 엄마가 화난 감정인 상태로 아이를 바라본다면, 엄마의 표정은 밝지 않다. 잔뜩 찡그리고 있거나 무엇인가 못마땅한 표정을 짓고 있다. 그런 엄마의 시선을 바라본 아이는 자신이 무슨 실수를 했는지 긴장하게 된다. 그리고 자꾸만 엄마의 눈치를 살피게 된다.

아무 잘못도 안 한 아이가 엄마의 표정 하나로 자신을 그렇게 평가하게 되는 것이다. 이런 상황이 반복되면 아이는 자꾸만 엄마의 눈치를 살피게 된다. 그리고 엄마의 기분을 매일 확인하게 된다. 자꾸 눈치를 살피는 아이는 대인관계에서 긍정적인 관계를 맺지 못한다. 그 말은 아이의 자존감이 건강하게 자라지 못하다는 말이다. 그러므로 엄마는 항상 아이와 함께 대화하는 시간을 즐거움으로 받아들여야 한다. 그리고 아이와 대화 나누는 그 순간 아이에게 항상 미소를 지으며 대화를 나눠야만 한다. 그래야 아이가 균형 있게 성장할 수 있다.

아이가 균형 있게 성장하기 위해서 엄마는 아이를 있는 그대로 수용해야 한다. 아이의 현재 모습을 존중하고 인정해야 하는 것이다. 엄마가 현재 아이의 수준보다 더 높은 수준을 기대한다면 아이는 실패를 맛본다. 그리고 그 실패는 곧 자신을 향한 강한 부정으로 연결된다. 아이가 자신을 부정적으로 바라보게 되면 결코 건강한 자존감을 만들 수 없으며, 균형 있는 성장을 할 수 없다. 그러므로 엄마는 현재 아이의 모습을 있는 그대로 바라보고, 아이의 모든 것을 수용하는 엄마가 돼야 한다.

또한 아이의 균형 있는 성장을 위해 엄마는 아이에게 끊임없이 질문하는 엄마가 돼야 한다. 아이가 책을 보고 있다면 계속해서 그 책의 내용에 대해 물어보는 것이다. 아이가 "네, 아니요."처럼 단답형으로 끝나는 질문이 아닌, 아이의 생각을 물어보는 질문을 하는 것이다. 엄마의 끊임없는 질문은 곧 아이를 향한 사랑의 표현이다. 그리고 아이는 엄마가 그만큼 자신을 사랑하고 있다는 것을 느끼게 된다. 그 마음이 아이에게 행복을 전달하고, 그 행복이 아이의 자존감을 건강하게 만들어주는 것이다.

마지막으로 엄마는 아이의 균형 있는 성장을 위해 아이의 말에 항상 공감을 해야 한다. 우리는 울적한 일이 생기면 누군가에게 위로를 받고 싶어진다. 아이 또한 마찬가지다. 특히 아이는 부정적인 감정이 생길 때, 어떻게 해서 그 감정을 쓸어내리는지 방법을 모른다. 그래서 아이는 힘든 일이 생기면 엄마에게 말하는 것이다. 엄마가 아이의 부정적인 마음에 잘 공감하고, 감정의 단어를 섞어서 아이의 마음을 읽어준다면 아이는 그것만으로도 큰 위안을 받는다. 그리고 엄마가 항상 내 편이라는 긍정의 기억이 아이 머릿속에 남게 된다. 이 기억이 아이의 자존감을 향상시키고, 그 덕분에 아이는 균형 있게 성장하는 것이다.

아이의 균형 있는 성장을 위해 꼭 엄마가 아이에게 물질적으로 많은 것을 하지 않아도 된다. 엄마가 아이를 위해 반드시 해야 할 것은 PACE 다. 그것은 곧 아이의 자존감과 밀접한 관련이 있다. 엄마는 아이와의 대화를 즐겨야 한다. 그리고 항상 아이를 향한 미소를 잊지 말아야 한다. 현재 내 아이를 있는 그대로 수용해야 한다. 그리고 아이에게 끊임없이 질문하는 엄마가 돼야 한다. 마지막으로 부정적인 감정을 느끼고 있는 아이의 마음을 공감해주는 엄마가 돼야 한다. 이 모든 것을 해내는 엄마의 아이가 균형 있게 성장하는 것이다.

- 18 -

아이가 제게 "엄마는 오빠만 좋아해!"라며 자주 웁니다.
어떻게 해야 할까요?

아이들은 모두 엄마의 사랑을 독차지하고 싶어 합니다. 그래서 다른 형제, 자매를 향해 엄마가 더 따뜻하게 챙겨주는 것 같으면 자신을 좋아하지 않는다는 생각을 갖게 됩니다. 특히 자존감이 낮은 아이들에게 이런 성향이 있습니다. 이런 경우는 엄마가 아이와 단 둘이 사용하는 언어를 만들면 됩니다. 어떤 경우에 어떤 단어를 쓸지 아이와 미리 상의를 하고 그 상황에서 사용할 언어도 아이가 스스로 만들 수 있게 엄마는 잘 들어줘야 합니다. 엄마가 잘 들어주는 것만으로도 아이는 사랑받고 있음을 느끼기 때문입니다. 엄마와 함께 만들고 난 후, 엄마는 아이와 약속한 언어와 상황을 반드시 머릿속에 저장해야 합니다. 그리고 그 상황이 생길 때마다 아이와 약속한 언어로 표현을 합니다. 엄마의 이런 표현은 아이에게 엄청난 행복을 줍니다. 또는 엄마와 아이 단 둘만의 데이트를 하는 것도 많은 도움이 됩니다. 그런 날은 아이 혼자 엄마를 독차지하는 느낌이 들어서 더욱 행복함을 느낍니다. 아이가 행복할수록 아이의 자존감은 건강해집니다. 그러므로 엄마의 사랑을 독차지하고 싶어 하는 아이에게는 엄마가 충분히 사랑하고 있다는 것을 느낄 수 있게 자주 표현해줍니다.

05

자존감, 곧 자기다움을
찾아가는 과정이다

엄마는 아이가 건강한 자존감을 키울 수 있게 노력해야 한다

미국 유명한 토크쇼의 주인공이 있다. 그녀는 바로 '오프라 윈프리'다. 그녀는 솔직한 진행, 상대의 마음에 공감하는 능력 등 모두가 대단하다고 느낄 정도로 멋지게 토크쇼를 진행한다. 그녀는 어린 시절 많은 시련이 있었다. 하지만 그녀의 시련을 알지 못하는 사람들은 그녀를 행운아라고 일컫는다. 오프라 윈프리는 자신을 향해 그렇게 말하는 사람들에게 늘 이렇게 외친다.

"제 자신의 모습을 찾아가는 과정에서 저는 수많은 시련을 겪었습니다. 인생의 성공 여부는 완전히 자기 자신에게 달려 있습니다. 저는 자기다움을 찾기 위해 수많은 노력을 했고, 그 덕분에 이 기회를 잡은 겁니다."

오프라 윈프리는 빈민가에서 10대 미혼모의 사생아로 태어났다. 어린 시절 끔찍한 성폭행을 당한 후 14살에 임신해서 조산아를 출산하게 된다. 하지만 연약했던 오프라의 아이는 2주 만에 세상을 떠났다.

오프라의 친엄마는 항상 바빴다. 그래서 오프라를 살뜰히 챙기지 못했다. 오프라는 초등학생 시절부터 제대로 된 돌봄을 엄마에게 받지 못했다. 그리고 14살 이후, 오프라는 방황하기 시작했다. 아무도 의지할 곳이 없었던 그녀는 마약 중독자가 되고 결국 고된 10대의 삶을 살아야만 했다. 하지만 그랬던 그녀가 친아빠와 새엄마를 만난 후 급격하게 변하기 시작했다. 특히 새엄마는 오프라를 친딸처럼 대했다. 그리고 아이의 상처 입은 마음을 어루만졌다. 그리고 아이가 자기다움을 찾아갈 수 있도록 오프라에게 항상 이렇게 말했다.

"예전에 네가 무슨 잘못을 했는지 더 이상 생각하지 마. 그리고 앞으로 네 인생은 오직 너 스스로 결정하는 거야. 이제부터는 너다운 인생을 살아. 가치 있는 인생을 사는 거야. 엄마는 네가 이 고비를 잘 이겨낼 거라고 믿어."

새 엄마의 메시지는 방황하고 있던 오프라에게 큰 울림이 됐다. 그리고 그 큰 울림을 통해 오프라는 건강한 자존감 씨앗을 받게 됐다. 그 씨앗이 오프라 마음속에 들어온 후, 오프라는 자기다움을 찾기 위해 노력했다. 그리고 마침내, 그녀는 건강한 자존감을 통해 자기다움을 찾게 됐다. 그녀의 자기다움은 바로 '토크쇼의 여왕'이 된 것이다.

자존감은 곧 자기다움을 찾아가는 과정이다. 그래서 초등 시절, 엄마는 아이가 건강한 자존감을 키울 수 있게 노력해야 한다. 아이가 자기다움을 찾기 위해 엄마는 첫째, 아이를 엄마와 동등한 인격체로 받아들여야 한다. 아이를 아랫사람 대하듯이 대하는 엄마가 있다. 그리고 아이를 마치 엄마의 소유물처럼 대하는 엄마도 있다. 이런 엄마의 태도에서 아이는 자신이 누구인지 제대로 깨닫지 못하게 된다. 두 부류의 엄마 밑에서 자라는 아이는 자신의 존재가 엄마를 위한 존재라고 생각하게 된다. 혹은 아랫사람 대하듯 무시하는 엄마의 태도에서 아이는 자신이 무시당해도 되는 존재라고 생각한다.

아이가 자기다움을 찾아가기 위해서 아이는 먼저 자신을 소중하게 받아들여야 한다. 아이가 자신을 소중하게 받아들이기 위해서는 엄마의 태도가 중요하다. 엄마가 아이를 대하는 말과 행동이 곧 자신을 뜻하기 때문이다. 그러므로 엄마는 아이를 엄마와 동등한 인격체로 존중해야 한다. 그래서 아이가 자신이 어떤 사람인지 구체적으로 파악할 수 있게 도와줘야 한다. 엄마가 아이를 동등하게 대하면 아이는 엄마와 대화하는 시간을 즐기게 된다. 그리고 엄마에게 자신의 속마음을 솔직하게 표현하게 된다. 아이는 이 과정에서 자기다움이 무엇인지 깨닫게 되는 것이다.

둘째, 자존감을 통해 내 아이가 자기다움을 찾기 위해서 엄마는 아이의 말, 행동을 자주 관찰해야 한다. 그리고 엄마가 느낀 생각과 표현을 아이에게 솔직하게 표현해야 한다. 엄마의 솔직한 표현은 아이 스스로 자신의 강점과 약점이 무엇인지 파악할 수 있게 돕는다. 예를 들어, 아이가 매일 열심히 책을 읽고 있다. 그리고 아이는 책을 읽고 나면 항상 책을 제 자리에 반듯하게 꽂아놓는 습관을 갖고 있다. 엄마는 매일 아이의 이런 모습을 관찰하고 있다. 그렇다면 아이에게 다가가 이렇게 말하면 된다.

"우리 ○○이는 항상 책을 제자리에 반듯하게 꽂아놓는구나."

엄마의 이 한마디에 아이는 자신에게 정리 정돈하는 습관이 있다는 것을 깨닫게 된다. 특히 저학년 아이들에게는 엄마의 이 말이 매우 효과적이다. 아이들의 행동은 무의식적으로 나오게 되는 경우가 많기 때문이다. 우리가 TV를 보기 위해서 무의식적으로 TV 리모컨을 찾는 것처럼 말이다. 만일 무의식적으로 책을 제자리에 놓는 게 습관인 아이라면, 엄마의 이 말에 자신의 장점을 파악하게 된다. 그리고 곧 그것은 자기다움을 찾아가는 과정이 되는 것이다.

또한 아이의 약점이 무엇인지 파악하는 것도 엄마가 관찰한 내용을 아이에게 말하면 된다. 하지만 아이의 강점과는 다르게, 아이의 약점은 엄마가 원하는 행동을 아이에게 표현하면 된다. 예를 들어, 아이가 외출을 하고 난 후, 외출복을 아무데나 벗어두는 습관을 갖고 있다. 그리고 엄마는 자주 아이의 그런 행동을 관찰하게 된다. 이럴 때는 엄마가 아이에게 원하는 행동과 왜 그 행동을 원하는지 그 이유까지 구체적으로 말하면 된다.

"○○아, 우리 ○○이가 외출하고 들어오면 옷을 제자리에 놔두면 좋겠어. 엄마가 ○○이가 놔둔 외출복을 찾으러 다니려면 시간이 많이 걸려."

그리고 다음 날, 아이의 행동을 관찰하면 된다. 그리고 아이가 스스로 고칠 때까지 시간을 두고 기다리면 된다. 아이는 엄마의 이 말과 기다림의 시간 동안 자신의 약점을 깨닫게 된다. 자신이 제대로 정리 정돈하지 않는다는 점을 알게 되는 것이다. 그리고 엄마의 그 기다림은 아이 스스로 그 약점을 강점이 되게 도와준다. 그래서 아이 스스로 정리 정돈을 하는 습관을 들이게 되면, 아이는 그 과정에서 자존감이 싹튼다. 그렇게 아이는 자존감을 통해 또다시 자기다움을 찾아가는 것이다.

셋째, 아이의 자존감을 찾아가기 위해서 엄마는 매일 30분 이상 아이와 대화해야 한다. 엄마와 아이와의 대화는 매우 중요하다. 초등 시절은 엄마를 통해 아이의 자존감이 향상되기 때문이다. 그래서 엄마는 자주 아이와 소통하고 이야기해야 한다. 그리고 아이와 소통하는 것을 즐거운 일로 받아들여야 한다.

주로 아이의 요즘 관심사에 대해 대화하는 것이 좋다. 아이가 요즘 무엇을 즐겨 하고 있는지, 그리고 아이가 요즘 관심 있게 지켜보고 있는 것이 무엇인지 등이다. 그 과정에서 엄마는 현재 아이의 성향을 이해할 수 있다. 그리고 아이가 지금 무엇을 제일 좋아하는지 파악할 수 있다.

아이의 말을 듣고 엄마는 아이가 좋아하는 것을 엄마의 언어로 다시 말해주면 된다. 엄마의 말을 들은 아이는 현재 자신이 무엇을 좋아하는지 구체적으로 알 수 있다. 그리고 그 과정에서 아이는 엄마가 자신의 대화를 잘 들었다는 행복감이 든다. 그 행복감이 아이의 자존감을 높인다. 그 덕분에 아이는 조금씩 자기다움을 찾아가는 것이다.

자존감은 곧 자기다움을 찾아가는 과정이다. 하지만 아이는 아직 미성숙한 존재이기 때문에 스스로 자기다움을 찾아가는 데 어려움이 있다. 그래서 엄마가 옆에서 적극적으로 도와야 한다. 엄마는 아이를 동등한 인격체로 대해야 한다. 그리고 아이의 말과 행동을 관찰한 후, 엄마의 언어로 표현해야 한다. 마지막으로 아이와의 대화 시간은 최소 30분 이상, 행복하게 대화해야 한다. 이 과정에서 아이의 자존감은 싹튼다. 그리고 그 자존감이 아이의 자기다움이 무엇인지 찾을 수 있게 돕는 열쇠가 된다.

06

자존감이 높은 아이가
자신을 소중히 여긴다

자존감은 스스로를 평가한다

'한책협'의 책 쓰기 강의가 끝난 후, 집으로 들어가면 5살 아들은 아빠인 나를 기다리고 있다. 그리고 나와 함께 동화책을 읽기를 원한다. 요즘 아들의 취미이자 특기는 책 읽기다. 말이 부쩍 는 아이는 자기 스스로 스토리를 만들기도 한다.

아이의 엉뚱 발랄한 이야기를 듣고 있으면 웃음이 난다. 그리고 아이가 내게 들려주는 이야기를 들으며, 나 역시 하루의 피로를 싹 날린다. 요즘 아이는 외모에 관심이 많아졌다. 그래서 종종 내게 다가와 친구들의 외모와 자신의 외모를 비교하는 이야기를 한다. 나는 아이에게 있는 그대로의 모습이 얼마나 소중한지 느끼게 해주고 싶었다.

자신을 소중히 여기는 내용과 관련된 책을 살펴보던 중, 나는 『난 네가 부러워』라는 책을 알게 됐다. 그리고 이제 막 스스로에 대한 관심이 많아진 아들에게 이 동화책을 꼭 읽어줘야겠다고 생각했다. 동화책의 내용은 이렇다. 자신의 외모, 자신의 성격을 부정하는 아이들이 불평불만을 한다. 자신을 소중히 여기지 않은 이 친구들에게 다른 친구들이 있는 그대로의 모습을 인정하게 도와주는 메시지를 남긴다. 예를 들어, 머리카락이 곱슬곱슬한 아이는 자신을 소중히 여기지 않고 이렇게 투덜댄다.

"내 머리카락은 복슬복슬, 꼬불꼬불해. 나는 찰랑찰랑, 매끈매끈한 생머리를 가지고 싶어."

이 친구의 불평불만을 들은 다른 친구는 이렇게 말한다.

"난 네가 부러워. 너는 귀여워서 꼭 안아 주고 싶은 복슬강아지 같아. 곱슬머리는 너를 더 사랑스럽게 만들어줘."

이 동화책은 이런 식으로 내용이 전개된다. 어떤 아이가 자신의 모습을 부정하면, 다른 아이는 지금의 모습에서 장점을 찾게끔 도와준다. 머리카락이 곱슬머리인 아이는 자신의 모습을 소중히 여기지 않는다. 그래서 생머리를 갖고 싶다며 투덜댄다. 이 모습을 지켜본 다른 아이들은 아이가 곱슬머리를 소중히 여기게 도와준다. 아이가 자기 스스로의 모습을 소중히 여기게 도와주는 것이다. "난 네가 부러워."라는 메시지를 함께 보내면서 말이다. 그리고 친구들을 통해 자신의 장점을 들은 곱슬머리 여자아이는 이렇게 말한다.

"내 머리카락은 여전히 복슬복슬, 꼬불꼬불해. 그래도 이젠 내 곱슬머리가 좋아."

아이는 이렇게 자신의 모습을 소중히 여기며 동화책은 마무리된다. 아이들은 초등학생이 되고 나면 자신을 다른 친구와 비교하기 시작한다. 자신의 외모를 다른 친구와 비교한다. 또는 자신의 공부 실력을 다른 친구와 비교한다.

자존감이 낮은 아이는 친구와의 비교를 통해 자신의 모습을 투덜댄다. 곱슬머리인 아이가 생머리를 갖고 싶다는 표현처럼 말이다. 하지만 자존감이 높은 아이는 다르다. 내 머리가 곱슬머리여도 내 모습을 있는 그대로 존중하고 사랑한다. 그래서 생머리인 친구를 부러워하지 않는다. 생머리를 부러워하기보다, 곱슬머리인 내 모습의 장점을 찾는 것이다. 아이가 자신을 있는 그대로 받아들이고 소중히 여기는 것은 매우 중요하다.

자신을 소중히 여기는 친구는 자신을 함부로 대하지 않는다. 그래서 어떤 행동을 할 때마다 자신을 위한 행동을 한다. 공부가 어렵다는 핑계로 공부를 포기하지 않는다. 더 나은 내 모습을 위해 최선을 다해 열심히 공부한다. 친구와의 관계가 힘들 때도 포기하지 않는다. 자신의 어떤 점이 친구의 기분을 상하게 했는지 생각한다. 친구의 입장이 돼서 친구의 마음을 헤아린다. 그리고 자신의 잘못된 점을 발견하면 그 모습을 있는 그대로 받아들인 후, 그 모습을 개선하기 위해 노력한다.

이렇게 자신을 소중히 여기는 친구는 다른 사람 또한 소중히 여긴다. 그래서 다른 사람을 소중히 여기는 과정에서 교우 관계가 원만해진다. 모든 사람은 내 말을 잘 들어주고, 내 말에 잘 공감해주는 사람과 소통하기를 원한다. 그리고 밝은 에너지를 가진 사람과 소통하기를 원한다.

자존감이 강한 아이의 에너지는 밝다

자존감이 강한 아이는 항상 밝다. 그리고 그 아이에게는 항상 긍정의 에너지가 나온다. 그래서 사람들은 자연스럽게 자존감이 강한 사람에게 다가가는 것이다. 아이들의 교우 관계 역시 마찬가지다. 유독 친구들의 말을 잘 들어주고, 친구들의 감정을 잘 공감해주는 친구가 있다. 이 친구가 바로 자신을 소중히 여기는 친구다. 자신을 소중히 여기기 때문에 친구의 감정 또한 존중하고 받아주는 것이다. 하지만 자존감이 약한 아이는 자신을 소중히 여기지 않는다. 그래서 친구의 입장을 생각하기보다 항상 자신의 입장을 먼저 생각한다.

그 생각은 항상 내가 피해자라는 생각이 들게 한다. 그래서 나의 잘못을 인정하지 않고, 친구의 잘못만 생각한다. 그리고 그 마음은 그 친구를 향한 적대감과 분노를 일으키게 만든다. 자존감이 낮은 아이는 이런 식으로 점점 친구들과의 사이가 멀어지는 것이다. 갈등이 생길 때마다 그 원인을 자신이 아닌 상대방에서 찾기 때문이다. 갈등의 원인을 항상 상대방에게 찾는 아이는 자존감이 높지 못하다. 낮은 자존감을 갖고 있다. 그래서 낮은 자존감을 가진 만큼 자기 스스로를 소중히 여기지 않는다. 스스로를 소중히 여기지 않는 아이는 자신의 삶이 행복하지 않기 마련이다.

그리고 자기 삶의 중심에 자신이 아닌 다른 누군가가 들어 있다. 그래서 끊임없이 자신의 마음속에 있는 그 누군가와 자신을 비교한다. 비교할수록 아이의 마음에는 열등감이 싹튼다. 그리고 그 열등감이 아이 인생의 모든 것을 다 망치는 것이다.

그러므로 초등 시절부터, 아이들의 자존감은 강해져야 한다. 아이들의 자존감은 건강해야만 한다. 아이의 자존감을 건강하게 만들 수 있는 사람은 엄마다. 엄마가 아이의 자존감을 튼튼하게 성장시켜야 한다.

동화책 『난 네가 부러워』의 친구들처럼 엄마가 아이에게 그 역할을 해야 한다. 아이가 엄마 앞에서 자신에 대해 부정적인 이야기를 꺼낼 때마다 엄마는 아이를 있는 그대로 받아들일 수 있게 도와야 한다. 아이가 엄마에게 "엄마, 나는 왜 이렇게 키가 작아?"라고 자신을 부정하는 말을 하면, 엄마는 "너는 키가 작은 게 아니라 아담하고 귀여운 거야."라는 식으로 긍정적인 말로 바꾸면 된다. "엄마, 나는 왜 이렇게 눈물이 많지?"라고 말한다면, 엄마는 아이에게 "너는 사랑이 많은 아이니까 그만큼 눈물이 많은 거야."라고 하면서 아이가 자기 자신을 소중히 여길 수 있게 도와주면 된다.

초등 시절부터 자신을 소중하게 생각해야 아이의 인생이 달라진다. 자신을 소중히 여겨야 아이 인생의 주체가 다른 사람이 아닌 아이 스스로가 된다. 그래서 아이는 주도적인 삶을 살 수 있게 된다. 남에게 휘둘리는 삶을 살지 않게 되는 것이다. 그러므로 엄마는 아이가 자기 인생의 주인공으로 살도록 반드시 아이의 자존감을 건강하게 만들어야 한다.

- 19 -

아이가 책을 제대로 읽고 있는지 궁금해요.
어떻게 확인할 수 있을까요?

아이가 책을 제대로 읽고 있는지 확인하는 방법은 매우 간단합니다. 엄마가 먼저 아이의 모든 책을 읽어야 합니다. 그리고 엄마 먼저 아이의 책 내용을 완벽하게 숙지하고 있어야 합니다. 아이의 책을 읽을 때마다 어떤 부분을 아이에게 질문하면 좋을지 메모하면서 읽으면 많은 도움이 됩니다. 그 후, 아이가 책을 다 읽고 나면 엄마가 그 책과 관련된 질문을 아이에게 던지면 됩니다. 책에 나온 내용에 대해서만 물어보지 않고, 아이의 생각을 들을 수 있는 질문을 하면 더욱 좋습니다. 예를 들어 아이가 『아기돼지 삼형제』 책을 읽었다면, "○○아, 늑대가 분 바람에 갈대집이 무너졌을 때 첫째 돼지 마음이 어땠을까?" 하면서 아이의 생각을 들을 수 있는 질문을 하면 좋습니다. 아이는 방금 막 읽은 책이기 때문에 책의 내용이 또렷이 기억납니다. 그리고 엄마의 호기심 있는 질문을 자신을 향한 애정 표현처럼 느낍니다. 그러므로 아이가 책을 제대로 읽고 있는지 궁금하다면 엄마가 먼저 아이의 책을 다 읽고 난 후, 책과 관련된 이야기를 아이와 자주 나누는 것이 많은 도움이 됩니다.

07

아이를 잘 키우고 싶다면
아이의 자존감부터 높여라!

당신은 아이를 위해 어떤 선물을 받고 싶은가?

성인을 대상으로 한 책 쓰기 수업을 진행할 때였다. 각각 6살, 7살 아이를 둔 엄마들이 책 쓰기 수업을 위해 아이들을 데리고 '한책협'으로 왔다. '한책협'은 책 쓰기를 원하는 엄마들이 아이들을 데려올 수 있게 한다. 그리고 그 아이들은 엄마가 책 쓰기 수업을 듣는 동안, 베이비시터와 함께 즐겁게 놀 수 있다.

그 당시는 겨울이었다. 그리고 며칠 후면 크리스마스였다. 책 쓰기 수업 쉬는 시간, 나는 아이들을 보러 갔다. 아이들은 한창 크리스마스에 대해 이야기하고 있었다. 둘은 오순도순 이런 대화를 나누고 있었다.

"너는 이번 크리스마스 때 산타할아버지에게 무슨 선물 달라고 할 거야?"

"나? 나는 레고 받고 싶어. 이번에는 레고 달라고 조를 거야. 나 착한 일 많이 했어."

"너는 뭐 받고 싶어?"

"나? 나는 변신 로봇 받고 싶어!"

아이들의 말을 듣고 있으니, 문득 엄마들은 자식들을 위해 어떤 선물을 받고 싶은지 궁금했다. 그래서 쉬는 시간을 활용해 두 엄마에게 다가가 이렇게 물었다.

"어머니, 크리스마스 때 산타가 자식들을 위한 선물을 준다면 어떤 선물을 달라고 하고 싶나요?"

내 말을 들은 6살 아이 엄마는 이렇게 대답했다.

"도사님, 저는 돈 많이 달라고 할 거예요. 그래서 우리 아들 원 없이 돈 쓰고 살라고 하고 싶어요. 돈 걱정 없이 사는 게 제일이잖아요."

그리고 7살 딸을 둔 엄마는 이렇게 대답했다.

"도사님, 저는 우리 딸이 워낙 외로움을 많이 타서요. 계속 우리 딸을 돌봐주는 사람들을 선물로 주라고 하고 싶어요. 그래야 제가 이 세상에 없어도, 그 사람들이 우리 딸을 챙겨줄 테니까요."

나는 두 엄마의 대답을 듣고 곰곰이 생각했다. 자식을 잘 키우기 위해서는 물론 돈이 필요하다. 하지만 많은 돈은 지금 당장 6살인 아이에게 아무 의미가 없다. 오히려 많은 돈을 받고 싶다는 것은, 엄마의 마음이지 아이가 원하는 것이 아닐 것이다. 또한, 아이 주변에 많은 사람들이 있다면 아이는 그 사람들로 인해 챙김을 받을 것이다. 하지만 아이가 언제까지 누군가에게 챙김을 받을 수는 없다. 아이는 성장하고, 언젠가는 성인이 돼서 독립을 할 것이기 때문이다. 만일 위 질문처럼 산타할아버지가 자식을 위한 선물을 엄마인 당신에게 준다면 당신은 어떤 선물을 달라고 하겠는가? 현명한 엄마는 이렇게 대답해야 한다.

"산타 할아버지, 우리 아이를 위해 건강한 자존감을 선물로 주세요."

왜 자식을 위해 엄마는 산타에게 '자존감'을 선물로 달라고 해야 할까? 초등 시절, 아이의 자존감이 곧 아이의 미래이기 때문이다. 어떤 물질적인 것으로도 채울 수 없는 그 자존감이 아이의 평생을 좌우하는 것이다.

그러므로 엄마는 아이를 잘 키우고 싶다면, 아이의 자존감을 키워야 한다. 그 건강한 자존감이 아이의 학교생활을 좌우한다. 내 아이의 자존감이 건강할수록, 우리 아이는 행복한 학교생활을 하는 것이다. 건강한 자존감 덕분에 아이는 학교에서 친구들과 잘 어울리는 모습을 보여줄 것이다.

또한 친구들과의 갈등이 생겨도 현명하게 해결하는 문제 해결 능력이 발달할 것이다. 자존감이 건강해질수록 아이는 엄마 없는 새로운 공동체 생활에도 금방 익숙해진다. 그리고 새로운 환경에서도 주눅 들지 않고 매일 행복한 모습을 보여줄 것이다.

아이의 자존감이 건강해질수록 아이는 공부를 잘하는 아이가 된다. 자존감이 건강한 아이는 어려운 문제를 맞닥뜨렸을 때 포기하지 않는다. 그리고 그 문제를 해결하기 위해 노력한다. 또한 자존감이 건강한 아이는 매일 행복한 기분을 유지한다. 그래서 그 행복한 기분이 아이의 뇌를 활발히 움직이게 해준다. 활발한 뇌 움직임은 아이가 끊임없이 생각하고 사고할 수 있게 도와준다. 그래서 어떤 어려운 문제든 스스로 해결하는 법을 익혀서 그 문제를 해결할 수 있게 도와준다.

또한, 아이가 문제를 해결하는 과정에서 강한 성취감을 맛본다. 그리고 스스로 해냈다는 자부심을 느낀다. 이 모든 것이 아이의 삶을 행복하게 만들뿐만 아니라 아이 스스로 자신의 삶을 낙관적인 태도로 바라보게 하는 것이다.

또한, 아이의 자존감이 건강해질수록 아이의 교우 관계 또한 좋아진다. 자존감이 강한 아이는 친구들의 의견을 겸허히 받아들인다. 그리고 모든 친구가 자신을 좋아할 것이라는 생각을 하지 않는다. 그래서 자신에 대해 부정적인 이야기를 한 친구를 향해 비난하지 않는다. 오히려 그 이야기를 해준 친구에게 고마움을 느낀다. 그리고 그 고마운 마음을 간직한 채, 자신의 단점을 바꾸려고 노력하는 것이다.

아이의 자존감이 건강할수록 아이는 친구들에게 효과적인 의사소통을 하게 된다. 자신의 속마음을 친구들에게 솔직하게 표현하는 것이다. 그래서 친구들과의 대화를 할 때, 어떤 오해가 생기지 않게 말한다. 아이 스스로 솔직하고 구체적으로 잘 표현하기 때문이다. 초등 시절 아이의 긍정적인 교우 관계는 아이의 자존감이 커질수록 더욱 빛을 발한다. 그래서 아이가 성인이 된 이후, 더 행복한 교우 관계를 맺게 되는 것이다. 또한, 아이의 자존감이 건강해질수록 아이는 정신적, 육체적으로 성장한다. 자존감이 건강할수록 아이는 점점 스스로 할 수 있는 일이 많아진다. 그래서 초등학교 고학년이 될수록, 엄마의 손길을 많이 필요하지 않다.

예전에 엄마가 도와줬던 일을 이제는 스스로 할 수 있는 것이다. 이렇게 아이의 독립심이 강해질수록, 아이는 성인이 돼서 엄마에게 의존하지 않는다. 그리고 엄마 또한 캥거루족, 헬리콥터족 같은 행동을 아이에게 하지 않아도 된다.

정신적으로 건강하게 성장하는 아이는 육체적으로도 건강하게 성장한다. 아이의 신체와 아이의 마음은 밀접하게 연결되어 있다. 그래서 아이가 정신적으로 건강하지 못하면 아이는 스트레스를 많이 받는다. 그것이 아이 신체 발달에 영향을 미치는 것이다. 그러므로 아이를 정신적, 육체적으로 잘 키우려면 엄마는 아이의 자존감을 키워야 한다.

아이를 잘 키우고 싶다면 아이의 자존감을 키우면 된다. 그리고 그 역할은 오직 엄마 하기에 달렸다. 특히, 초등 시절 아이의 자존감은 매우 중요하다. 그리고 그 자존감의 씨앗을 손에 쥐고 있는 사람 또한 엄마다. 아이의 자존감은 엄마가 뿌린 씨앗만큼 자랄 것이다. 또한 엄마가 어떤 씨앗을 뿌렸는지에 따라 건강한 자존감과 연약한 자존감으로 나뉠 것이다. 그러므로 현명한 엄마는 건강한 자존감의 씨앗을 아이에게 골고루 뿌려야 한다. 현명한 씨앗을 잘 받은 아이는 훗날 성인이 돼서 "엄마, 저 잘 키워주셔서 감사합니다."라고 말할 것이다. 그날이 곧 엄마인 당신에게 분명히 다가올 것이다.

- 20 -

아빠와 이혼한 후 엄마 혼자 아이를 키우고 있습니다.
아이의 자존감을 건강하게 하고 싶은데 어떻게 해야 할까요?

어린아이들은 부모님이 싸우면 마치 자신 때문에 싸우는 거라고 생각합니다. 그래서 스스로를 못된 아이로 취급하거나, 자기 스스로를 부정적으로 생각하게 됩니다. 이런 마음이 점점 커지면 아이의 자존감은 점점 낮아집니다. 그리고 열등감이 생깁니다. 열등감이 가득한 아이는 학교생활에도 조금씩 문제가 발생합니다. 친구 관계에서도 조금씩 어긋남이 생깁니다. 아이의 자존감을 건강하게 만들려면 엄마는 부모의 이혼이 아이 탓이 절대 아니라는 것을 자주 말해줘야 합니다. 그리고 아이가 충분히 사랑받을 자격이 있는 존재라는 것을 엄마의 말로 자주 표현해야 합니다. 아이와 대화를 나눌 때도 엄마의 모든 감각을 아이에게 집중해야 합니다. 아이의 말을 잘 들어주고, 아이의 말을 공감해줘야 합니다. 또한 아이에게 자주 편지를 쓰거나 엄마가 아이를 생각하고 있다는 문자 메시지를 자주 남기는 것도 많은 도움이 됩니다.

오늘부터 내 아이의
자존감을 높여라!

이 글을 읽고 난 당신은 아이의 자존감에서 엄마의 역할이 얼마나 중요한지 깨닫게 됐을 것이다. 그리고 더 이상 학교를 찾아와 이런 질문을 하지 않을 것이다.

"선생님, 우리 아이 자존감 어떻게 지도해야 할까요?"

아이의 자존감은 엄마에게 많은 영향을 미친다. 엄마는 그 중요성을 느껴야 한다. 그리고 중요성을 느낀 만큼 당장 오늘부터 아이의 자존감을 높이는 일에 몰두해야 한다. 모든 엄마는 아이가 행복하게 살기를 바란다. 그리고 아이가 자신의 꿈을 실현하며 멋진 성인이 되기를 원한다. 그 밑바탕에는 항상 아이의 자존감이 있다. 그래서 아이의 자존감이 커질수록 아이는 엄마가 상상하지 못할 정도로 많은 성장을 하게 된다. 그리고 그만큼 아이는 자신이 원하는 모든 꿈을 이룰 수 있다.

이처럼 아이의 초등 자존감은 정말 중요하다. 그래서 엄마는 귀찮고 바쁘다는 핑계로 아이와의 소통 시간을 줄이면 안 된다. 특히 직장에 다니는 엄마는 자꾸 아이에게 엄마의 마음을 보여줘야 한다. 야근을 하는 날이면, 엄마는 아이에게 따뜻한 문자 메시지를 보내야 한다. 그리고 아이에게 엄마가 늦게 퇴근할 수밖에 없는 이유를 구체적으로 알려줘야 한다.

우리는 상대방이 내 마음을 헤아려주길 원한다. 하지만 정신적으로 미성숙한 아이는 엄마가 왜 늦게 들어오는지 이해할 수가 없다. 그렇기 때문에 엄마는 아이에게 자주 연락해서 무엇 때문에 늦는지 구체적으로 알려줘야 한다. 그리고 항상 아이가 엄마를 사랑하고 있다는 마음이 들 수 있게 표현해야 한다.

엄마의 따뜻함을 먹고 자란 아이는 그만큼 자존감이 성장한다. 그리고 엄마와의 대화 시간을 행복하게 생각한다. 엄마와 있는 시간을 즐기게 된다. 이런 아이는 청소년기를 맞이해도 큰 사춘기 없이 무난하게 지나갈 수 있다. 그렇게 큰 폭풍 없이 잘 지나갈 수 있는 이유는 초등 시절,

아이가 이미 엄마와의 대화를 즐겁고 행복한 경험으로 인식했기 때문이다.

그만큼 아이와 엄마의 관계는 중요하다. 특히 초등 시절 아이와 엄마의 관계는 무척 중요하다. 그 관계를 끈끈하게 형성할수록 아이는 엄마의 손을 놓지 않는다. 그래서 중·고등학생이 되도 여전히 엄마와의 대화를 즐기는 아이로 성장하는 것이다.

이런 엄마의 중요한 역할을 잘해내려면 엄마는 마음이 건강해야 한다. 그리고 엄마의 일상이 행복해야 한다. 건강한 마음과 행복한 일상이 엄마의 중요한 역할을 해낼 수 있게 도와주기 때문이다.

상상의 법칙, 끌어당김의 법칙, 의식의 중요성 등을 일깨워주는 '한책협'의 대표 김태광의 유튜브 채널 '김도사TV', '네빌고다드 TV'는 중요한 역할을 해내야 할 엄마에게 많은 도움을 줄 것이다. 엄마의 의식을 긍정으로 개선하는 데 많은 도움이 된다. 그리고 의식이 바뀔수록 엄마에게는 아이와 잘 지내고 싶다는 강한 목표의식이 생길 것이다.

이런 마음가짐을 가진 엄마는 아이에게 건강한 자존감의 씨앗을 뿌릴 수 있을 것이다. 그리고 그 씨앗을 무럭무럭 잘 자랄 수 있게 도울 수 있을 것이다.

　또한 10년 차 초등학교 교사인 '오지영의 네이버 카페' 역시 아이 자존감과 관련된 상담 및 교육을 진행하고 있다. 초등학생인 아이의 자존감은 곧 아이의 미래다. 그리고 그 미래의 찬란함은 엄마에게 달려 있다. 엄마가 중요한 역할을 해낸 만큼 아이의 미래는 찬란하게 빛날 것이다. 반면에 엄마가 중요한 역할을 해내지 못한 만큼 아이의 미래는 찬란하게 빛나지 못할 것이다. 그러므로 엄마는 당장 오늘부터 아이의 자존감을 키우는 일에 힘써야 한다. 엄마가 잘해낼수록 아이는 반드시 건강한 자존감을 선물 받을 것이다. 그러므로 당장 오늘부터 아이의 자존감을 높여라!